写给你的设计书

丛书主编　陈佑松

CorelDRAW X5
平面艺术设计

霍治乾　吴　双　编著

化学工业出版社

·北京·

本书采用分篇的方式，详细介绍了CorelDRAW X5在各种设计类型中的应用。全书内容包括CorelDRAW X5新增功能详解、标志——象征性的大众传播符号、VI——品牌文化战略的视觉体系、DM单——版式和内容的创新、海报设计、报纸广告——高效的版式设计、书籍与画册——像电影一样"起、承、转、合"、产品设计——三维的视觉传达、展示空间设计——平面与立体化的结合、网页界面设计。

本书定位于平面设计的中、高级读者，也可以作为公司在职人员和大中专院校师生的参考书籍。

图书在版编目（CIP）数据

CorelDRAW X5平面艺术设计 /霍治乾，吴双编著.
北京：化学工业出版社，2011.6
 （写给你的设计书）
 ISBN 978-7-122-10981-1

 I. C… II. ①霍… ②吴… III. 图形软件，
CorelDRAW X5 IV. TP391.41

 中国版本图书馆CIP数据核字（2011）第064454号

责任编辑：陈 静 李 萃　　　　　　　　装帧设计：杨俊坤
责任校对：陶燕华

出版发行：化学工业出版社（北京市东城区青年湖南街13号　邮政编码100011）
印　　装：北京画中画印刷有限公司
787mm×1092mm　1/16　印张18$\frac{1}{4}$　字数456千字　2011年7月北京第1版第1次印刷

购书咨询：010-64518888（传真：010-64519686）　售后服务：010-64518899
网　　址：http://www.cip.com.cn
凡购买本书，如有缺损质量问题，本社销售中心负责调换。

定　　价：65.00元

百年老店《纽约时报》宣布不再出版纸质文本，全然替之以电子文本，《读者文摘》在破产保护以后也大规模转向电子出版。此时，我们应该意识到，数字时代正全面改变着我们的信息接收方式！

    自从有文明以来，人类信息传播和接收方式发生了三次重大革命。第一次是文字的诞生，以及随后的印刷术和纸质书籍的普及和应用，它们使人类知识的传播和存储能力获得了极大提升，人类由此迅速进入到现代文明。第二次是19世纪末开端、20世纪大发展的影视技术，它们将现实仿真手段发展为我们信息接收的首要途径，其可信度和信息量，以及信息发布速度大大超过文字，以至于20世纪末有人宣称人类进入了"读图时代"。第三次信息革命或许已经全面展开，这就是始自20世纪80、90年代的数字媒体的迅猛发展。数字媒体并没有抛弃之前的文字信息和影像信息的传播优势，而是将以前所有的信息方式都集成起来，实现了文字、图片、音视频在同一终端平台上的全方位融合，并由于互联网技术而实现实时互动和超级链接。不仅如此，基于无线互联网的3G乃至4G手机和阅读器的迅速推广之下，书刊、影视、通信、娱乐实现了随身便携、移动互联的功能。

    每一次信息技术革命都会诞生一些新的重要职业。文字与书籍诞生后，出现了写书人、读书人和书籍出版商；电影产生后出现了电影导演、演员、制片人；电视的出现则有了电视编导、记者、电视节目主持人等。新的数字媒体的出现并不会让之前的这些信息生产者们失业——因为他们的工作将很好地融合到新的数字媒体当中——但一种新的职业已经蓬勃兴起：那就是数字信息设计师。

    根据目前数字媒体信息制作、传播和接收的特点，数字信息设计师需要具备至少四个方面的知识和能力：文本创意能力、美术设计的知识和技能、影视艺术的知识和技能以及计算机和（无线）互联网的知识和技能。也许我们很难同时精通四个领域的知识，但是必须做到"一专多能"。择其一面深入研究，其他三面亦应多有了解和把握，融会贯通之后方能做到最好。

    本套书主要集中介绍运用电脑技术进行数字媒体设计的方法。编者多是有多年教学经验和产业一线经验的从业人员，我们把自己的创作心得奉献出来供大家分享，也算是为迎接新时代的到来而尽绵薄之力。

    由于数字媒体本身就是一门新的学科，而且在迅猛发展，我们也还在探索实践，编写过程中难免有许多不足或疏漏之处，还请读者朋友不吝赐教，以便我们进一步修改完善。

2010年于成都城东狮子山

陈佑松

前 言

FOREWORD

目前的设计行业发展较为成熟，并将进一步细分。市场对设计者的需求量在不断增加的同时，对其专业技能的要求也正从"面"转向"点"，即需要技术高度集中、高度专业化的设计人才。

根据这一现状和趋势，本书针对具有一定软件基础和行业认识的读者群、从事设计行业的在职人员研发，结合不同领域必备的IT技能，对设计行业涉及的专业知识进行系统、全面的讲解。

本书的目的是给从业于设计行业的广大读者提供一个全新的、能动的学习方式。不仅仅是单一的技术讲解，而是根据市场的需要，从行业知识、专业技能，到综合素质的全面展示，由此激发读者的创造力——商业的最终价值。

本书特点

1. 专业领域的深入介绍

本书中涉及的设计类型运用2～3个典型的商业项目进行讲解，让读者跟随案例，完成一个项目从"签单"到"应用"的完整流程。书中主要内容包括：具体的项目背景、客户的要求、设计思路、制作方法以及媒体应用。

2. 设计与技术的综合指导

设计行业的基本技能可分为设计能力和技术能力。设计能力是根据项目背景产生创意，并将其视觉化的能力；技术能力是将"视觉化"的结果进行制作和应用的能力。针对设计能力，本书在每个章节前将重点讲解设计理论，每个案例中带领读者进行项目分析和构思。制作完成后，提出问题："客户为什么满意"，引发对设计作品的反思，从多方面引导读者的思维，对创意能力进行培养。

技术能力主要通过软件制作步骤和媒体介绍两个环节来进行。制作步骤是详细的软件操作方法，并在其中以提问的方式穿插作者的软件操作经验，形成知识点。媒体介绍是在电脑中完成设计稿后，具体的制作材质、设计的展示媒体等知识点。

3. 设计思维模式的引导

对于一个设计者来说，思维方式十分重要。本书在每个项目制作前，有"设计思维"的环节。在此环节中，将项目设计师在形成创意前的思维方式淋漓尽致地展现出来，包括详细的产品定位、行业现状分析，由此引出产品的宣传点，以及如何运用画面的具象方式表现宣传点等。这不仅是设计过程的真实展现，也是培养读者思维能力的重要环节。

本书内容

本书共分为9章，内容如下。

必备知识：讲解平面设计的基本概念和必备知识、CorelDRAW X5的必备知识等。

第一篇　平面篇

第1至8章，详细讲解不同平面设计类型的概念和具体的设计制作方法。

案例包括：学校院系标志、房地产标志、公司周年庆活动标志、企业VI设计、DM单、会员卡、各种宣传海报、房地产和商场的报版广告、企业画册、不同质感的产品效果图制作、展示空间设计等。

第二篇　网页美工篇

第9章，详细讲解网页构建和设计的概念以及具体方法。

案例包括：图标设计、网页界面设计。

本书体例构成

设计师是怎么工作的？

位于篇首，从行业的角度对该类型设计制作的流程进行介绍。

设计类型基础概念

位于章首，对该章节的设计类型进行介绍，包括该设计类型的基本概念、技法、制作要点和注意事项等，让读者对该类型设计进行全面了解。

案例展示

项目背景

从属于每一个案例，在接手案例时，首先要了解项目背景、客户需求、注意事项。

设计构思

从属于每一个案例，在项目背景的基础上，对项目情况进行分析，并产生具体表现方式的过程。

制作方法

从属于每一个案例，即完成设计的过程。按照设计特点和操作合理性，详细讲解制作过程，并穿插相应的操作经验和知识点总结。

客户为什么满意

从属于每一个案例。对完成的设计作品进行总结和反思，深度探讨案例中包含的设计理论以及客户要求的切合度。

媒体介绍

位于章尾。主要内容为完成设计定稿后，涉及的实物制作和应用于何种媒介上效果最佳。例如，书籍应使用哪种纸张印刷，海报用写真还是喷绘等。

本书读者对象

本书的目标读者群为希望或已经成为设计行业的从业人员，其中包括平面设计爱好者、相关专业的高校或职业学校学生、希望进一步提高自身能力的设计在职人员等。

- 对于设计爱好者，本书可以作为其自我能力提升的工具书。
- 对于相关专业的高校或职业培训学校学生，本书可以作为其职前了解行业知识、建立行业的思维方式、提高专业技能和自我培训的全能工具书。
- 对于在职人员，本书可以成为其进行自我进修和知识补充的参考书。

本书也可以作为相关专业的高校或职业培训学校的教材。

本书得以完成要特别感谢好友刘志娴、刘涛提供了精美的案例。另外，在本书成书的过程中，褚晓川、代琪琪、李新承、罗晓青、姚丁雯、于琨、段强、郑媛媛、郝微也付出了辛苦的劳动，在此一并表示感谢。

由于编者水平有限，书中难免存在不足和疏漏之处，恳请读者批评指正。

编著者

2011年1月

目 录

CONTENTS

第二篇　网页美工篇

CorelDRAW X5
新增功能详解

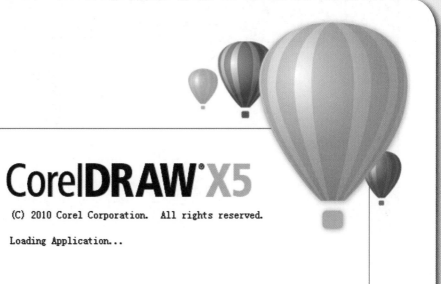

CorelDRAW® X5

(C) 2010 Corel Corporation.　All rights reserved.

Loading Application...

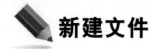

新建文件

"Create a New Document（新建文件）"对话框中包含许多选项，支持RGB、CMYK等颜色模式，如果下次不想弹出该对话框，则勾选"Do not show this dialog again"复选框。

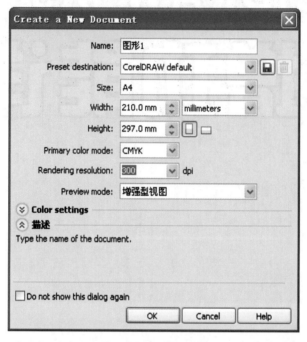

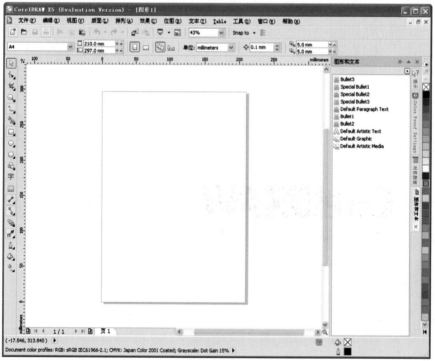

像素预览功能

CorelDRAW X5中新增了像素预览功能。

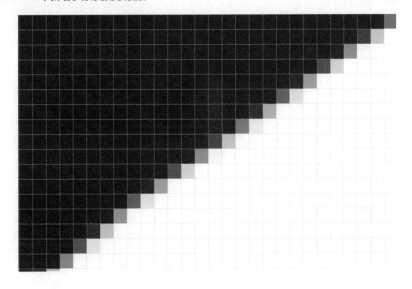

 # 先进的颜色管理

（1）新增hex模式。

（2）支持网页颜色模式。网格工具支持透明功能，选中的节点可以选择透明度。

（3）新增色盘面板，有了工作色盘，色盘里多了功能强大的吸管。

智能化的滴管工具

1．自动显示颜色信息值

在CorelDRAW X5中，在工具箱中选择"颜色滴管工具" ，并将工具光标放置在图像上时，会自动显示当前图像的颜色信息值。如果是RGB图像，会显示Web页面色值；如果是CMYK图像，则会显示CMYK值。

2．自动保存填充后的颜色

在吸取颜色后，会自动切换到"填充工具" 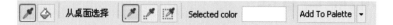对目标对象进行颜色填充，填充后的颜色会自动保持到"颜色滴管工具"新增的色盘中。

矩形工具

新增两种矩形的矩角模式。

在CorelDRAW X5新增功能中，矩形工具也增加了多种矩角。其中一个是"绝对值的矩角方式"，该矩形的矩角可随意拉伸且不会变形，并可根据物体切换矩角。

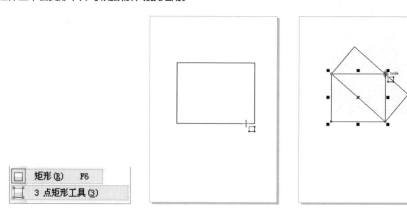

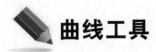

曲线工具

另外，CorelDRAW X5还增加了绘制曲线的工具，标注工具的功能更为强大，节点之间也能够标注，更多细节得到优化。使用"2点线工具" ，还可以对圆进行切线，并指示细微处的标注，完成后就能切换到"填充工具" 进行颜色填充。

支持HTML页面导出

通过该功能，我们就可以使用CorelDRAW X5来制作网页了，字体会在导出后的网页中自动渲染为网页显示字体。

第一篇

平面篇

设计师是怎么工作的？

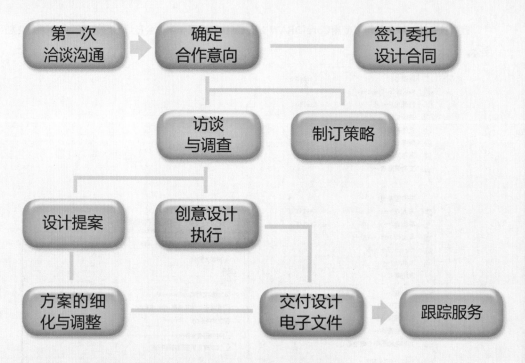

- 第一次洽谈沟通：双方进行交流沟通，增进彼此了解，初步确认合作意向。
- 确定合作意向：明确设计的任务、价格及进度安排等。
- 签订委托设计合同：甲方向乙方支付预付款，并明确双方负责人。
- 访谈与调查：收集整理相关的市场信息，同时也跟踪调查客户产品的市场表现，为设计提供重要的前提及科学依据。
- 制订策略：好的设计是发掘企业自身价值、提炼理念并向公众高效表达的过程，因此在进行每一项设计之前都要进行设计策略的提炼与制订。
- 创意设计执行：根据策略，将创意构思实现为平面设计。
- 设计提案：设计的过程也是沟通的过程，好的作品来源于成功的沟通。面对企业高层领导进行设计提案，是最直接且最有效的沟通。通过提案确定设计风格与设计方向，形成提案决议，指导下一步设计。
- 方案的细化与调整：针对设计方案进行细化调整，并形成最终方案。客户校稿签字确认项目实施。
- 交付设计电子文件：乙方向甲方交付最终设计电子文件，甲方付清合同余款，工作完成。
- 跟踪服务：设计方客服人员继续与客户保持联系，及时解决客户的技术问题和相关咨询。

Chapter 01

标志——
象征性的大众传播符号

标志是代表企业或产品形象的视觉符号，因此标志的设计具有重要的战略意义和市场价值。本章将制作三个不同类型的标志，包括学校院系标志、房地产标志、公司周年庆活动标志。在不同的行业中，标志的表现形式也不同。通过这三个标志的制作，读者可以学习标志的设计思路、设计原则和要点，以及不同类型标志的设计特点。在软件技法上，读者能够学习CorelDRAW X5强大的图形编辑功能。

1.1 什么是标志设计

（1）标志概述

标志又称为商标或标徽，是为了让消费者尽快识别商品和企业形象而设计的视觉图形。标志应该简洁、单纯，造型和表现形式独特，识别性强，引人联想，能反映行业特征。标志设计可以是文字的变形或者字母的组合，也可以是某个抽象或具象图形。

（2）标志设计的准则

成功的标志设计应该具有三个原则：识别性、象征性、视觉冲击性。

1）识别性

在标志的文字和图形设计上，首先应遵循容易识别的原则，做到图形简练、色彩单纯。一个易于识别和记忆的标志，其特征应该是：视觉形象清晰明了，造型风格简洁概括，意义明确生动，富有特点。

2）象征性

标志一经使用，就必须是一个能充分表现产品、企业或机构的声誉和形象的标记，是一个能充分表达出产品、企业或机构影响力的不可分割的组成部分。

3）视觉冲击性

标志设计应富有强烈的视觉冲击力，让观看者在心理上产生强烈共鸣。

（3）标志的表现方法

标志设计的表现方法大致可分为五种：象形、象征、抽象概括、文字变形、综合构成。

象形是一种直接的表现方式，它将各种生活形态作为设计元素，从中提炼概括出新的形态和思维，表达一定的含义和信息。

象征是指将具体事物赋予一种思想，是一种间接表现事物的方法，即利用事物与事物之间的关联性和人们对某物普遍认同的一种意义，来表达一个事物的特点。

抽象概括是指通过夸张、变形等方法对具体事物进行高度提炼，保留并突出其本质特征，或利用点、线、面等各种几何形式，对其以重复、渐变、对称、修剪、分割等形式排列，引发联想，表达一定意境。

文字是标志的重要视觉元素，利用文字变形可以使标志同时具有视觉特征和语言特征。目前以汉字和拉丁字母为设计元素的标志，在设计过程中通常利用文字的笔画进行变化，采用放大、缩小、变形、添加、删减等方法以及重复、近似、渐变等形式使之图案化。

综合构成主要是指将图标和文字结合起来共同构成一个整体，文字可以是公司、品牌的缩写或简称，也可以是公司理念或产品广告语等，使用时图标和文字应以一方为主，另一方起装饰和丰富内涵的作用。

西班牙文化和艺术标志

搜索公司标志

西餐厅标志

房地产标志

1.2 学校院系标志

▶ 1.2.1 项目背景

项目	客户	服务内容	时间
四川师范大学 数字媒体系标志	四川师范大学	标志设计	2010年

四川师范大学数字媒体系主要培养具备数字媒体艺术、动漫与游戏创作、数字媒体与游戏软件开发以及相关领域教学或研究等基本理论素养，能在新闻传媒、影视、宣传和文化机构从事相关工作的高级专门人才。主要课程包括素描与色彩、动画游戏概论、影视基础、音视频技术、计算机图形学、造型艺术、网络技术及应用、动画设计、片头制作与影视特技、C&C++编程、Java基础、网络编程、游戏设计和游戏动漫运营等。

▶ 1.2.2 设计构思

（1）提取诉求点

根据该院系的名称特征及专业特点设计标志。

（2）分析诉求点

（3）提炼表现手法

| 字母C | + | 01符号的填充和字母C的相互剪切 | + | 图形和文本组成01新图形符号 |

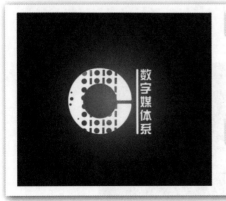

设计分析

根据院系特征来设计

该标志以Computer的首字母"C"为设计元素，揭示数字媒体与计算机不可分割的关系。

01符号的填充，以及整体形态的01特征，即计算机数据交流属性，也是一种信息传递和交流，寓意媒体的特征。标志整体简洁，色调富于美感。

文件路径

素材文件\Chapter1\01\complete\系标志.cdr

▶ **1.2.3 制作方法**

1. 制作主体图形

● 主体图形为改造后的圆环，表示Computer的首字母"C"。
● 造型为白色，因此首先确定标志展示的背景色，在背景上对图形进行填充和效果制作更加直观。

Step 01 新建文件

❶ 运行CorelDRAW X5，单击工具栏中的"新建"按钮🗋，新建"图形1"。

❷ 单击属性栏中的"横向"按钮▭，将页面转换为横向。

Step 02 绘制矩形

❶ 在工具箱中选择"矩形工具"▭，在页面上绘制一个矩形。

❷ 在工具箱中选择"选择工具"▯，选中矩形，根据需要调整其大小。

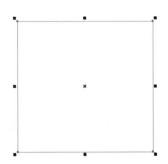

Step 03 填充渐变颜色

❶ 选择图形，在工具箱中选择"填充工具"🖌→"渐变填充"▮，在弹出的"渐变填充"对话框中设置参数，其中"类型"为"射线"，在"颜色调和"选项组中点选"自定义"单选按钮。

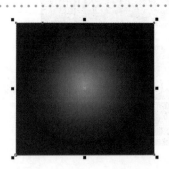

❷ 单击渐变条右上角的指示块，再单击"其它"按钮，在打开的"选择颜色"对话框中设置颜色（C:100,M:0,Y:0,K：0）。在渐变条上双击，根据需要再创建一个渐变控制点，颜色设置为（C:100,M:100,Y:100,K:100），完成后单击"确定"按钮。

❸ 选中图形，右击调色板顶部的无填充按钮 ✕，再在图形中右击，在弹出的快捷菜单中选择"锁定对象"命令。

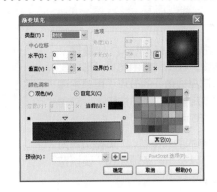

Step 04 绘制正圆和小正圆

❶ 在工具箱中选择"椭圆形工具" ⊙，按住<Ctrl>键绘制一个正圆。

❷ 在工具箱中选择"选择工具" ▸，选中正圆，按住<Shift>键，拖动缩放控制点，将正圆缩小，然后释放鼠标的同时单击鼠标右键进行复制。

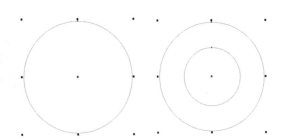

Step 05 修剪正圆并填充色

❶ 在工具箱中选择"选择工具" ▸，选中两个正圆，填充一个颜色。

❷ 单击属性栏中的"合并"按钮 ▣，进行结合，保留修剪后的形态。

❸ 单击调色板中的白色色块，右击调色板顶部的无填充按钮 ✕，取消轮廓色填充。

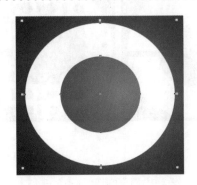

Step 06 绘制圆环

❶ 在工具箱中选择"矩形工具" ▢，在圆环的右侧正中绘制一个小矩形。

❷ 在工具箱中选择"选择工具" ▸，选中圆环和小矩形，单击属性栏中的"后剪前"按钮 ▣，形成字母"C"。

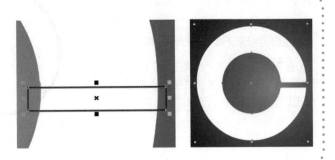

Step 07 制作圆环

❶ 选中图形，按<Ctrl+Q>快捷键，转换为曲线。在工具箱中选择"形状工具"，选择边角处的节点，再单击属性栏中的"转换为曲线"按钮，边角转换为曲线节点。

❷ 拖动节点的曲率控制点，调整边角为弧形，也可以拉出一条辅助线，使调整的弧度相同。

❸ 用同样的方法调整其他边角弧度。

 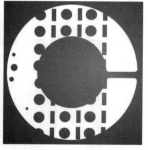

2. 制作01符号

● "01"符号的填充，以及整体形态的01特征，即计算机数据交流属性，也是一种信息传递和交流，寓意媒体的特征。
● 主要运用正圆的绘制，和"后剪前"操作。

Step 01 绘制小圆和矩形

❶ 在工具箱中选择"椭圆形工具"，按住<Ctrl>键，绘制一个小正圆。

❷ 在工具箱中选择"矩形工具"，在刚绘制的小正圆右侧绘制一个小矩形。

❸ 在工具箱中选择"选择工具"，选中两个图形，单击属性栏中的"群组"按钮，群组图形，形成"01"符号。

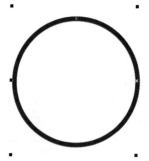 

Step 02　复制"01"符号并进行排列

❶ 在工具箱中选择"选择工具" ⬚ ，选中"01"符号，按小键盘中的"+"键，复制一个图形，再向下移动。按同样的方法多复制几个"01"符号，并进行排列，形成竖行。

❷ 在工具箱中选择"选择工具" ⬚ ，选中排列好的竖行"01"符号，单击属性栏中的"群组"按钮 ⬚ ，进行群组。再复制两竖行，如右图所示。

❸ 为使图形排列整齐，且间距相等，选中第一排图形，在菜单栏中选择"排列"→"对齐和分布"→"对齐与分布"命令，弹出"对齐与分布"对话框，在分布间距工具中选择间距，完成后单击"确定"按钮。

Step 03　群组符号并放在圆环上

❶ 在工具箱中选择"选择工具" ⬚ ，选中排列好的所有"01"符号，单击属性栏中的"群组"按钮 ⬚ ，进行群组。

❷ 如右图所示，将其放置在圆环居中的位置上。

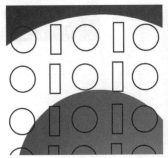
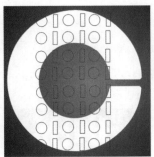

Step 04　进行"后剪前"操作

❶ 在工具箱中选择"选择工具" ⬚ ，选中所有图形。

❷ 单击属性栏中的"后剪前"按钮 ⬚ ，效果如右图所示。

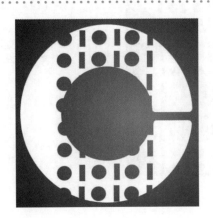

Step 05 绘制小圆点

❶ 在工具箱中选择"椭圆形工具" ⬭，按住<Ctrl>键，绘制小圆点。

❷ 用同样的方法，再绘制三个大小不一的圆点并填充颜色，如右图所示。

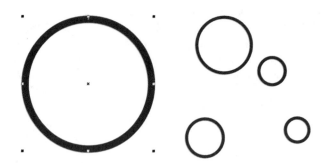

Step 06 放置圆环内并进行"后剪前"操作

❶ 在工具箱中选择"选择工具" ⬚，选中小圆点，放置到相应的位置，如右图所示。

❷ 运用"选择工具" ⬚选中所有图形，单击属性栏中的"后剪前"按钮 ⬓，效果如右图所示。

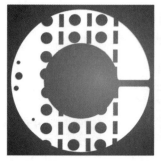
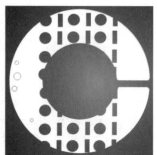

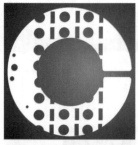

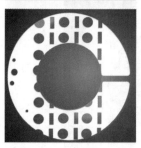

3．制作立体效果

● 制作好主体图形后，运用交互式透明工具给图形制造立体感，表现立体图形。

● 根据图形和光照特点，仔细地为图形制作立体效果。

Step 01 绘制圆环

❶ 在工具箱中选择"椭圆形工具"◎，按住<Ctrl>键，绘制一个和主体图形大小相同的正圆。

❷ 用同样的方法再绘制一个同心圆，运用"选择工具"▣选中两个正圆，单击属性栏中的"修剪"按钮🗗。

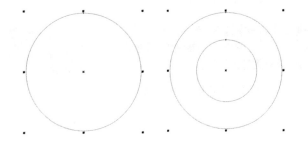

Step 02 填充颜色

❶ 在工具箱中选择"选择工具"▣，选中修剪后的圆环，单击调色板中的青色色块，填充圆环为青色。

❷ 右击调色板顶部的无填充按钮✕，去掉轮廓色填充。

Step 03 调整透明度

❶ 在工具箱中选择"选择工具"▣，选中圆环。

❷ 在工具箱中选择"调和工具"▣→"透明度"▣，在属性栏中设置"透明度类型"为"线性"，在图形上从上向下拖动鼠标，如右图所示，调整圆环线性透明度。

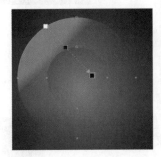
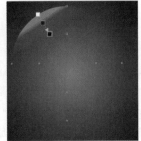

Step 04 再绘制一个圆环

❶ 用同样的方法，在工具箱中选择"椭圆形工具"◎，按住<Ctrl>键，绘制一个和主体图形大小相同的正圆。

❷ 再绘制一个同心圆，在工具箱中选择"选择工具"▣，选中两个正圆，单击属性栏中的"修剪"按钮🗗。

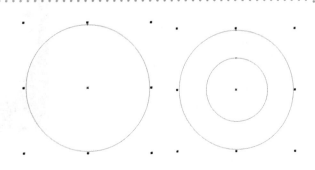

Step 05 填充颜色

❶ 在工具箱中选择"选择工具" ▣ ，选中圆环，单击调色板中的青色图标，填充圆环为青色。

❷ 单击调色板顶部的无填充按钮 × ，去掉轮廓色填充。

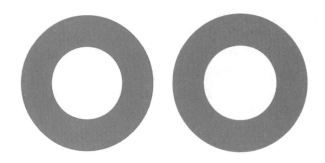

Step 06 调整透明度

❶ 在工具箱中选择"选择工具" ▣ ，选中圆环。

❷ 在工具箱中选择"调和工具" ▣ →"透明度" ▣ ，在属性栏中设置"透明度类型"为"射线"，在图形上拖动鼠标，如右图所示，调整圆环射线透明度。

Step 07 制作两个圆环的立体效果

在工具箱中选择"选择工具" ▣ ，选中圆环，和主体图形重叠摆放，得到的立体效果如右图所示。

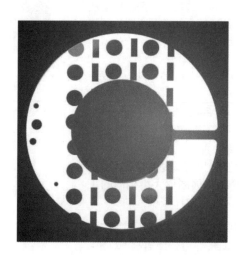

怎样调整图形的线性透明效果

选中图形后，选择交互式透明工具，并在图形上进行拖动，即可对图形应用线性交互式透明，图形上出现透明控制手柄。调整手柄的位置，可改变图形的透明效果；调整手柄的方向，可改变图形的线性透明方向；在属性栏中调整手柄的"不透明度"，可调整图形的透明程度；设置"透明度类型"为"标准"，可改变图形的整体透明度。

4．制作文字

● 图形制作完成，接下来需要将该系名称和图形相结合。

● 图形整体简洁明朗，在制作文字时，需要注意文字特点和图形相协调。

Step 01 输入文本

❶ 在工具箱中选择"文本工具"，单击属性栏中的"将文字更改为垂直方向"按钮，再设置字体为"华康简综艺"。

❷ 在页面上单击，显示输入光标后输入"数字媒体系"。

Step 02 改变颜色

❶ 在工具箱中选择"选择工具"，选中文本。

❷ 单击调色板中的白色色块，填充文字为白色。

Step 03 绘制矩形

❶ 在工具箱中选择"矩形工具"，在属性栏中设置"左边矩形的边角圆滑度"和"右边矩形的边角圆滑度"为"85"。

❷ 在页面中绘制一个长矩形。调整矩形长宽，再单击调色板中的白色色块，填充矩形为白色。

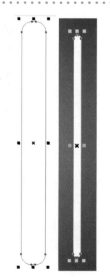

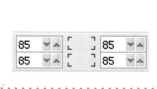

Step 04 调整矩形和文本位置

❶ 根据文本位置和大小，在工具箱中选择"选择工具"，选中矩形，调整矩形的位置和大小。

❷ 将矩形和文本放置在相应的位置，如右图所示。

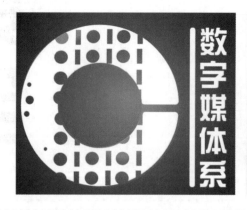

▶ **1.2.4　客户为什么满意**

初学者： 设计师你好，能否解释一下什么是标志设计？

设计师： 标志就是表明事物特征的记号。它以单纯、显著、易识别的物象、图形或文字符号为直观语言，除表示什么、代替什么之外，还具有表达意义、情感和指令行动等作用。英文俗称为LOGO（标志）。

初学者： 标志是从近代才开始有的吗？它的起源是什么？

设计师： 严格地说，标志这一说法确实是近代才开始有的，但是它的来历可以追溯到上古时代的"图腾"。那时候每个氏族和部落都选用一种认为与自己有特别神秘关系的动物或自然物象作为本氏族或部落的特殊标记（即图腾）。最初人们将图腾刻在居住的洞穴和劳动工具上，后来就作为战争和祭祀的标志，成为族旗、族徽。国家产生以后，又演变成国旗、国徽。

到本世纪，公共标志、国际化标志开始在世界普及。随着社会经济、政治、科技、文化的飞速发展，到现在，经过精心设计从而具有高度实用性和艺术性的标志，已被广泛应用于社会一切领域，对人类社会性的发展与进步发挥着巨大的作用和影响。

▶ **1.2.5　标志的分类**

（1）具象表现形式

1）人体造型的图形

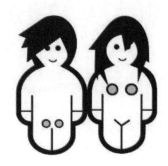

2）动物造型的图形

3）植物造型的图形

4）器物造型的图形

5）自然造型的图形

（2）抽象标志

1）圆形标志图形

2）四方形标志图形

3）三角形的标志图形

4）多边形标志图形

5）方向形标志图形

①

②

③

④

（3）文字表现形式

1）汉字标志图形

2）拉丁字母标志图形

3）数字标志图形

 ## 1.3 房地产标志

▶ **1.3.1 项目背景**

项目	客户	服务内容	时间
丽水金都楼盘标志	金光集团	行业分析研究 标志设计	2008年

　　由金光集团于新加坡上市之旗舰公司AFP旗下子公司——金光置业（成都）有限公司投资开发的"丽水金都"，地处新城北，被称作城北最具性价比的品质楼盘，户户可见碧水清潭，项目为小高层住宅，建筑面积近16万平方米。雄踞蜀龙大道与南二路东段交汇路口，紧临毗河风景区，与四川音乐学院仅一街之隔。项目极佳的地段以及环境优势为金光置业打造城北品质楼盘提供了良好的先决条件。

▶ **1.3.2 设计构思**

（1）提取诉求点

根据丽水金都的总平面布置图的楼盘布局特点设计出标志。

（2）分析诉求点

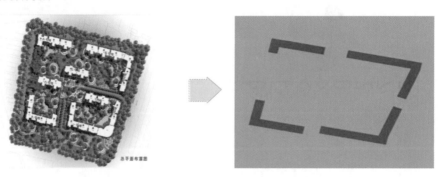

总平面布置图

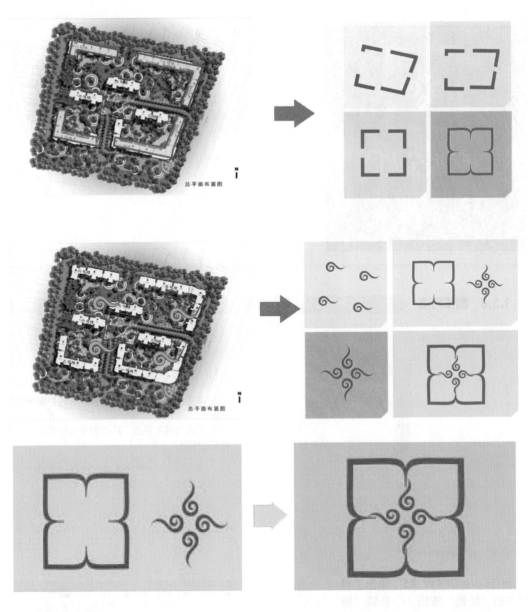

（3）提炼表现手法

将现实图形设计化

采用丽水金都楼盘的布局和形态作为设计切入点，首先大概勾勒出一个形状，再将其艺术设计化，让其具有美感，采用具有金属质感的颜色，与房地产标志设计相符合。配上"丽水金都"的文字设计，更显大气和沉稳。

文件路径　　素材文件\Chapter1\02\complete\丽水金都.cdr

▶ 1.3.3 制作方法

1．制作主体图形

● 主体图形将以楼盘勾勒出的大致几何图形进行改造。

● 先将其转换为曲线，再对图形进行变换，最后增加立体感。

Step 01 新建文件

❶ 运行CorelDRAW X5，单击工具栏中的"新建"按钮，新建"图形1"。

❷ 单击属性栏中的"横向"按钮，将页面转换为横向。

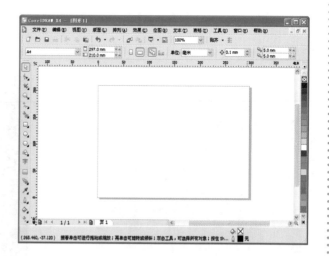

Step 02　绘制出简单图形

❶ 在工具箱中选择"手绘工具"→"钢笔"，在页面上绘制出主要图形。

❷ 按住<Shift>键，限制为绘制直线。

Step 03　设计主体图形

❶ 选中图形，在工具箱中选择"形状工具"，对其进行变形。

❷ 通过节点反复塑形，达到满意的效果。在节点处右击，在弹出的快捷菜单中选择"到曲线"命令，即可对节点进行有弧度的变形。

❸ 在需要调整的地方双击即可添加节点，在节点处双击即可删除节点。

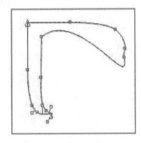

使用形状工具时怎样才能只改变节点控制线的长度而角度固定不动?

转曲线后，使用"形状工具"时只改变节点控制线的长度，按住<Ctrl>键，角度就会固定不动。

Step 04　为图形设置渐变起始色

❶ 选中图形，在工具箱中选择"填充工具"→"渐变填充"，在弹出的"渐变填充"对话框中设置参数。

❷ 单击渐变条左上角的指示块，再单击"其它"按钮，在弹出的"选择颜色"对话框中设置颜色。

❸ 完成后单击"确定"按钮，设置渐变起始颜色。

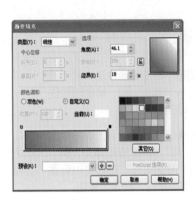

Step 05 设置渐变终止色

❶ 单击渐变条右上角的指示块，再单击"其它"按钮，在弹出的"选择颜色"对话框中设置颜色。

❷ 完成后单击"确定"按钮，设置渐变终止颜色。

Step 06 应用渐变填充

❶ 在渐变条上双击，根据颜色需要再创建3个渐变控制点。

❷ 选择相应的渐变控制点后，单击"其它"按钮，在弹出的"选择颜色"对话框中设置颜色，完成后单击"确定"按钮，设置渐变色。

❸ 在"渐变填充"对话框中单击"确定"按钮，填充图形。

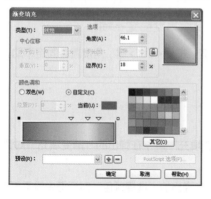 

Step 07 制作立体感

❶ 选中图形，在工具箱中选择"手绘工具" → "钢笔" ，紧贴图形进行绘制，如右图所示。

❷ 选中绘制好的图形，在工具箱中选择"填充工具" → "渐变填充" ，在弹出的"渐变填充"对话框中设置参数，完成后单击"确定"按钮。

Step 08 完成立体感制作

❶ 用同样的方法，绘制其他区域，再耐心调整。

❷ 填充颜色。选择所有图形，右击调色板顶部的无填充按钮×，取消矩形轮廓颜色。

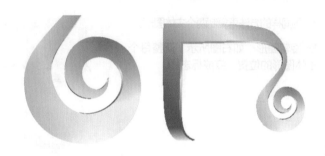

2. 绘制标志

● 首先制作主体图形，然后进行复制和旋转，最后调整完成。

● 标志的主要颜色为暖黄色，但每个主体图形的颜色都有所区别，这样能够呈现更强的金属感，色泽更丰富。

Step 01 复制主体图形

选中主体图形，在工具箱中选择"选择工具" ，拖动图形，在释放图形的同时单击鼠标右键，将图形复制到移动的位置。

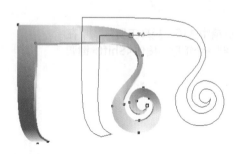

Step 02 旋转图形

❶ 单击选择框的中心，转换为旋转框，向右进行旋转。

❷ 将旋转后的图形调整位置，和左边的图形水平。

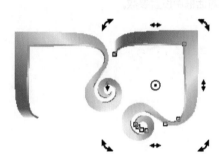

Step 03 完成标志图

❶ 用同样的方法再复制两个主体图形。

❷ 旋转图形，如右图所示，调整每个主体图形的位置，完成标志图。

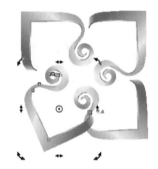

3. 绘制背景

● 绘制背景的目的是为了使下一步制作文字更加直观，整个标志在暗色的背景下看起来也更具有美感，将标志的金属色映衬得更加亮泽，更显大气。

Step 01 绘制矩形

❶ 在工具箱中选择"矩形工具" ▢ ，在页面中绘制一个矩形，按住<Shift>键调整大小。

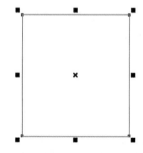

❷ 选择矩形，在工具箱中选择"填充工具" ◈ → "渐变填充" ■ ，在弹出的"渐变填充"对话框中设置参数。

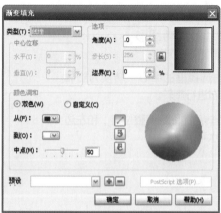

Step 02 添加背景色

❶ 在"类型"下拉列表框中选择"射线"选项，在"颜色调和"选项组中点选"双色"单选按钮，单击"从（F）"颜色下拉按钮，在颜色选择框中单击"其它"按钮，在弹出的"选择颜色"对话框中设置所需颜色，完成后单击"确定"按钮。单击"到（O）"颜色下拉按钮，弹出颜色选择框，单击"其它"按钮，在弹出的"选择颜色"对话框中设置所需颜色，完成后单击"确定"按钮。

❷ 选择矩形，右击，在弹出的快捷菜单中选择"锁定对象"命令，然后添加文字。

4．添加文字

● 图形制作完成，接下来需要将企业名称和图形相结合。图形整体简洁明朗，且弧形的边缘有一种高贵典雅的感觉。

● 在制作文字时，需要注意文字的设计与图形相协调。

Step 01 输入文本

❶ 在工具箱中选择"文本工具" 字，在背景中单击，显示输入光标后输入文本"丽水金都"。

❷ 选中文本，将颜色设置为白色，以方便后面的制作。在属性面板中可以设置文本的各项属性，设置字体为"宋体"。

Step 02 调整文本

❶ 在工具箱中选择"选择工具" ，选中文本，按住<Shift>键放大或缩小文本至满意状态。

❷ 右击，在弹出的快捷菜单中选择"转换为曲线"命令，在工具箱中选择"形状工具" ，对字体进行塑形。

转换到段落文本 (V)	Ctrl+F8
转换为曲线 (V)	Ctrl+Q
拼写检查 (S)…	Ctrl+F12
撤消更改字体大小 (U)	Ctrl+Z
剪切 (T)	Ctrl+X
复制 (C)	Ctrl+C
删除 (L)	Delete
锁定对象 (L)	
顺序 (O)	▶
样式 (S)	▶
因特网链接 (N)	▶
跳转到浏览器中的超链接 (T)	
叠印填充 (F)	
叠印轮廓 (O)	
属性 (T)	Alt+Enter

Step 03 设计文字

❶ 选择节点并进行拖动，进行塑形。在节点处双击即可取消节点，在需要添加节点的位置双击即可添加节点。

❷ 选择线条，按住鼠标左键进行拖动即可形成弧线。

Step 04 对文字塑形

❶ 用同样的方法，运用"形状工具"![形状工具图标]对其他文字进行塑形。

❷ 最后调整好形状和大小。

Step 05 填充颜色

选中文字图形，按小键盘中的"＋"键将图形复制，选中复制的图形，将其适当放大，如右图所示，右击调色板中的色块为其填充颜色和边框颜色。最后将两个图形合并到一起。

C: 30 M: 40 Y: 100 K: 15
R: 214 G: 201 B: 124 .317 毫米

Step 06 制作阴影效果

❶ 在工具箱中选择"调和工具"![调和工具图标]→"阴影"![阴影图标]，添加阴影效果。

❷ 向文本右下方拉出阴影，并进行调整。

Step 07 添加英文文本

❶ 在工具箱中选择"文本工具"![文本工具图标]，用同样的方法添加英文文本，在属性栏中设置文本属性。

❷ 对文本进行调整，完成标志设计。

▶ 1.3.4 客户为什么满意

初学者：设计师，您好！要为房地产公司设计标志，首先肯定要对房地产进行一定的了解，您能大致介绍一下吗？

设计师：房地产是指土地、建筑物及固着在土地、建筑物上不可分离的部分及其附带的各种权益。房地产由于其自身的特点，即位置的固定性和不可移动性，在经济学上又被称为不动产。我们在进行房地产相关设计的时候，也会考虑到这些元素，许多房地产公司的标志就带有房屋的元素。

初学者：标志在房地产的推广中能够起到什么作用呢？

设计师：首先介绍一下房地产推广的基本流程。

（1）项目的前期定位策划：即房地产开发项目的可行性研究，包括市场调研、项目定位、项目的经济效益分析等。

（2）项目的推广整合策划：包括项目的VI设计，项目推广期、促销期、强销期、收盘期投放多种媒体的广告方案设计和各种促销活动的策划方案等。

（3）项目的销售招商策划：包括售楼人员培训、销售手册的编制、分阶段销售价格的确定等；项目的商业部分还要进行业态定位策划和招商策划。

以此可以看出，策划是为了更好的推广，而在推广当中，消费者首先接触到的是企业的VI设计，而标志又是VI设计中不可或缺的一部分。

▶ 1.3.5 标志的色彩设计

色彩信息的传播，比点、线、面对人的视觉冲击力更强、更快，它以光速传入人的眼睛，是一种先声夺人的广告语。它这一快速传播的功能，被用在一些指示"紧急"和"危险"的场合，如红色的救火车、白色的救护车等，具有提示人们高度警觉与注意力的功能。

在标志设计过程中，运用色彩的感觉与联想信息，对激发消费者的心理联想与消费欲望以及构建自己的品牌个性尤为重要。为此标志设计者必须认真学习与研究色彩的感情、冷暖感、轻重感、软硬感、面积感、空间感、味觉感。

色彩的感觉是指不同色彩的色相、色度、明度给人带来的不同心理暗示，标志设计者需要重点掌握色彩的感觉。

1.4   公司周年庆活动标志

▶ 1.4.1 项目背景

项目	客户	服务内容	时间
王府井百货公司 周年庆活动标志	王府井百货集团	行业分析研究 标志设计	2009年

北京王府井百货（集团）股份有限公司，简称"王府井百货"，前身是享誉中外的新中国第一店——北京市百货大楼，创立于1955年。公司经过五十年的创业、发展，现已成为国内专注于百货业态发展的最大零售集团之一，也是在上海证券交易所挂牌的上市公司。公司1991年组建集团，1993年改组股份制，1994年在上海证券交易所上市，1997年加盟北京控股有限公司成为红筹股的一员。2000年9月与东安集团实现战略性资产重组，成为北京最大的零售集团。2004年，公司入选国家商务部重点扶植的全国20家大型流通企业行列。

▶ 1.4.2 设计构思

（1）提取诉求点

体现王府井百货公司9周年的庆典，表达出主题"永恒的爱"。

（2）分析诉求点

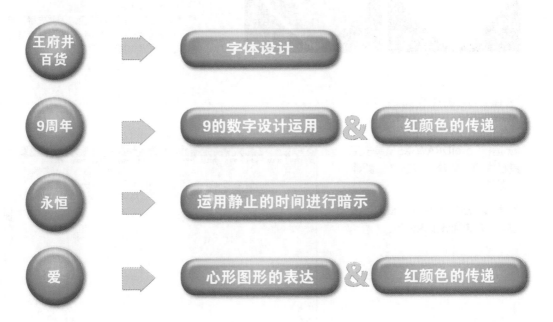

（3）提炼表现手法

 与心形的一半相结合

设计分析

将数字9和心形结合

图形采用心形和数字9相结合，数字9的圈巧妙地设计为表形状，时间静止在9点，很好地表达了王府井百货公司9周年的庆典主题——爱陪伴在你周围。

颜色采用了红色和淡粉色，显得温馨且大气，文字与图形和谐统一。

本书中制作的案例为初步效果，主要运用了钢笔工具和渐变工具。

文件路径

素材文件\Chapter1\03\complete\公司周年庆活动标志.cdr

▶ 1.4.3 制作方法

1. 制作主体图形

● 主体图形为心形和数字9相结合，首先绘制出心形图案，再将数字9作为基础，对数字造型进行变换。

● 标志外轮廓造型为白色，因此先确定标志展示的背景色，在背景上对图形进行填充和制作，效果更加直观。

Step 01 新建文件

❶ 运行CorelDRAW X5，单击工具栏中的"新建"按钮，新建"图形1"。

❷ 再单击属性栏中的"横向"按钮，将页面转换为横向。

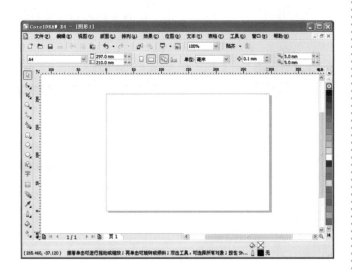

Step 02 绘制矩形

❶ 在工具箱中选择"矩形工具"，在页面上绘制一个矩形。

❷ 选择矩形，单击调色板中的颜色色块，为矩形填充颜色。

Step 03 锁定对象

❶ 选择矩形，右击，在弹出的快捷菜单中选择"锁定对象"命令。

❷ 在背景上对图形进行填充并制作效果，使其看起来更加直观。

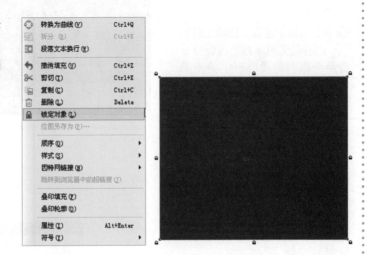

转换为曲线 (V)	Ctrl+Q	
折分 (B)	Ctrl+K	
段落文本换行 (W)		
撤消填充 (U)	Ctrl+Z	
剪切 (T)	Ctrl+X	
复制 (C)	Ctrl+C	
删除 (L)	Delete	
锁定对象 (L)		
位图另存为 (P)…		
顺序 (O)	▶	
样式 (S)	▶	
因特网链接 (N)	▶	
跳转到浏览器中的超链接 (T)		
叠印填充 (F)		
叠印轮廓 (O)		
属性 (I)	Alt+Enter	
符号 (Y)	▶	

Step 04 设置轮廓色

❶ 在工具箱中选择"手绘工具" → "钢笔"，右击调色板中的白色色块，设置轮廓色为白色。

❷ 弹出"轮廓色"对话框，勾选"图形"复选框，单击"确定"按钮。

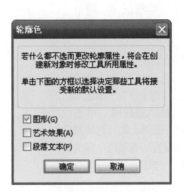

轮廓色

若什么都不选而更改轮廓属性，将会在创建新对象时修改工具所用属性。

单击下面的方框以选择决定那些工具将接受新的默认设置。

☑ 图形(G)
☐ 艺术效果(A)
☐ 段落文本(P)

确定   取消

Step 05 绘制弧线

在工具箱中选择"手绘工具"
→"钢笔"，第二次单击的
时候拖动鼠标，直至绘制出满意
的弧线即释放鼠标。

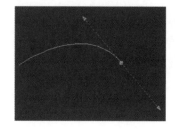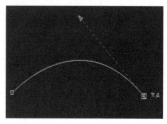

Step 06 绘制心形

❶ 用同样的方法继续绘制完整
心形。

❷ 在工具箱中选择"形状工具"
，对不完美的地方进行调整，
直至满意后选择心形，单击调
色板中的白色色块，为心形填
充颜色。

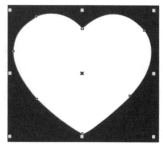

Step 07 复制心形

❶ 选择心形，按住<Shift>键，
向内缩小，单击鼠标右键进行
复制。

❷ 在工具箱中选择"填充工具"
→"渐变填充"，弹出"渐
变填充"对话框。在"类型"
下拉列表框中选择"线性"选
项，在"颜色调和"选项组中点
选"双色"单选按钮，单击"从
（F）"颜色下拉按钮，弹出颜色
选择框，单击"其它"按钮，在弹
出的"选择颜色"对话框中设置所
需颜色，完成后单击"确定"按
钮。单击"到（O）"颜色下拉按
钮，弹出颜色选择框，单击"其
它"按钮，在弹出的"选择颜色"
对话框中设置所需颜色，完成后单
击"确定"按钮。

❸ 调整渐变角度，完成后单击
"确定"按钮。

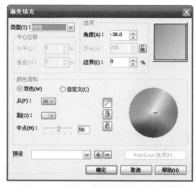

Step 08　绘制圆形

❶ 在工具箱中选择 "椭圆形工具"  ，按住<Ctrl>键绘制正圆，按住<Shift>键等比例缩放。

❷ 移动正圆，将其紧贴心形右上角。选择正圆，按住<Shift>键，向内缩小，单击鼠标右键进行复制。

 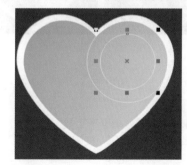

Step 09　填充颜色

❶ 按住<Shift>键，选择两个圆形，在属性栏中单击 "后剪前" 按钮 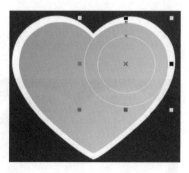 ，剪掉内圆。

❷ 选择图形，单击调色板中的色块，为圆环填充颜色。右击调色板顶部的无填充按钮 ⨯ ，取消矩形轮廓颜色。

Step 10　绘制数字9

❶ 在工具箱中选择 "手绘工具" → "钢笔"  ，绘制圆环下的图形。

❷ 在工具箱中选择 "形状工具"  ，对图形进行调整，并填充颜色。

 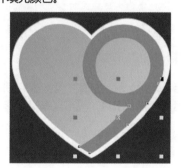

2. 添加文字

● 围绕数字9添加文字。数字9的圈制作成表的形状，时间停留在9点。
● 主要运用了文本工具的属性。

Step 01 绘制环圆文字

❶ 在工具箱中选择"椭圆形工具" 🔍，按住<Ctrl>键绘制一个正圆，使圆的大小与数字9相同。在工具箱中选择"文本工具" 🔤，在圆上单击，显示输入光标后输入文本，并设置字体。

❷ 选择图形，右击，在弹出的快捷菜单中选择"拆分"命令，删除正圆。

Step 02 调整文本

选中文本，将其移动到合适的位置。

怎样快速修改矩形形状

绘制矩形后，运用"形状工具" 🔧拖动矩形四角的节点，制作出圆角矩形。按<Ctrl+Q>快捷键转换为曲线，运用"形状工具" 🔧可以编辑矩形任意一个节点的位置和属性，或添加/删除节点，修改矩形形状。

Step 03 制作钟表

❶ 用同样的方法制作其他文本。

❷ 在工具箱中选择"手绘工具" → "钢笔" ，绘制出指针的大致轮廓，并填充为红色。导入罗马数字素材图片，对照图示将它们排列整齐。

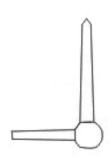

3．整体调色

● 为了使颜色更协调，制作完成后对其进行调色。选中要改变颜色的图形，调整颜色，使整体效果统一。

Step 01 渐变填充

选择图形，在工具箱中选择"填充工具" → "渐变填充" ，弹出"渐变填充"对话框，起点颜色设置为（R:139;G:48;B:24），终点颜色设置为（R:222; G:78;B:17）。

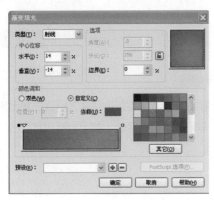

Step 02 改变文本颜色

❶ 用同样的方法对文本填充颜色。

❷ 对照图示，对整个图形的细节进行调整。

▶ 1.4.4 客户为什么满意

初学者： 设计师，您好！请问标志设计的灵感来自于哪里？

设计师： 灵感对于设计师来说是非常重要的，一个好的灵感通常能在不经意之间就迸发出来并对设计工作有非常大的帮助。但灵感并非是可遇不可求的，多积累素材与经验，加上对客户产品的了解，我相信每个人都会有灵感出现的。

初学者： 这么说，设计工作就全靠灵感了吗？

设计师： 当然不是了，我刚才提到过，要获得充足的灵感，与素材的累积和丰富的工作经验是分不开的，如果头脑中没有足够的知识素材储备，是很难有好的作品的。

▶ 1.4.5 标志的作用

在科学技术飞速发展的今天，印刷、摄影、设计和图像传播的作用越来越重要，这种非语言传播的发展具有了和语言传播相抗衡的竞争力。标志，则是其中一种独特的传送方式。标志是表明事物特征的记号。它以单纯、显著、易识别的物象、图形或文字符号为直观语言，除标示什么、代替什么之外，还具有表达意义、情感和指令行动等作用。标志对于发展经济、创造经济效益、维护企业和消费者权益等具有重大的实用价值和法律保障作用。各种国内外重大活动、会议、运动会以及邮政运输、金融财贸、机关、团体及个人（图章、签名）等几乎都有表明自己特征的标志，这些标志从各种角度发挥着沟通、宣传的作用，推动社会经济、政治、科技、文化的进步，保障各自的权益。随着国际交往的日益频繁，标志的直观、形象、没有语言障碍等特性使其极其有利于国际间的交流与应用，因此国际化标志得以迅速推广和发展，成为视觉传送最有效的手段之一，成为人类共通的一种直观联系工具。

▶ 1.4.6 标志的表现手法

（1）模拟手法

用特性相近的事物形象模仿或比拟所标志对象特征或含义的手法。

（2）表象手法

采用与标志对象直接关联而具有典型特征的形象。这种手法直接、明确、一目了然，易于迅速理解和记忆，如以书的形象表现出版业、以火车头的形象表现铁路运输业、以钱币的形象表现银行业等。

（3）视感手法

采用并无特殊含义的简洁而形态独特的抽象图形、文字或符号，给人一种强烈的现代感、视觉冲击感或舒适感，引起人们注意并难以忘怀。这种手法不靠图形含义而主要靠图形、文字或符号的视感力量来表现标志。

（4）象征手法

采用与标志内容有某种意义上的联系的事物图形、文字、符号、色彩等，以比喻、形容等方式象征标志对象的抽象内涵。例如，用交叉的镰刀斧头象征工农联盟，用挺拔的幼苗象征少年儿童的茁壮成长等。象征性标志往往采用已为社会普遍认同的关联物象作为有效代表物，如用鸽子象征和平，用雄狮、雄鹰象征英勇，用日、月象征永恒，用松鹤象征长寿，用白色象征纯洁，用绿色象征生命等，这种手段蕴涵深邃，适应社会心理，为人们喜闻乐见。

（5）寓意手法

采用与标志含义相近似或具有寓意性的形象，以影射、暗示、示意的方式表现标志的内容和特点。例如，用伞的形象暗示防潮湿，用玻璃杯的形象暗示易破碎，用箭头形象示意方向等。

▶ 1.4.7 优秀案例欣赏

IDROFOGLIA INTERNATIONAL
Environment Engineering & Technology

Chapter 02

VI——
品牌文化战略
的视觉体系

　　VI（Visual Identity）意为视觉识别。企业VI视觉设计（企业形象识别系统设计，品牌形象识别系统设计）是CIS系统中最具传播力和感染力的部分，也是企业传播品牌信息、进行形象展示最为直观的触面。一个好的VI设计，事实上可以凭借CI设计里已经指定的Logo、色彩或标准字型等予以发展。尤其是色彩部分，使用正确的色彩搭配往往可以得到相得益彰的效果。另外，针对Logo本身的一致性所做的设计变化也是一种方法。总而言之，所有方法都是为了发展出一套更具品牌形象的设计。

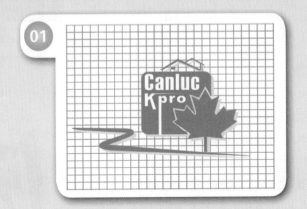

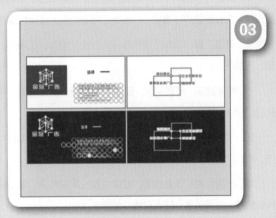

2.1 什么是VI设计

（1）VI设计概述

以标志、标准字、标准色为核心展开的完整的、系统的视觉表达体系，将企业理念、企业文化、服务内容、企业规范等抽象概念转换为具体符号，塑造出独特的企业形象。人们所感知的外部信息，有83%是通过视觉通道到达人们头脑的。也就是说，视觉是人们接受外部信息的最重要和最主要的通道。企业形象的视觉识别，即是将CI的非可视内容转化为静态的视觉识别符号，以无比丰富多样的应用形式，在最为广泛的层面上进行最直接的传播。

（2）VI设计系统

1）基本要素系统：企业名称、企业标志、企业造型、标准字、标准色、象征图案、宣传口号等。

2）应用系统：产品造型、办公用品、企业环境、交通工具、服装服饰、广告媒体、招牌、包装系统、公务礼品、陈列展示以及印刷出版物等。

（3）VI的主要内容

1）基本要素系统

A．标志；

B．标准字；

C．标准色；

D．标志和标准字的组合。

2）应用系统

A．办公用品：信封、信纸、便笺、名片、徽章、工作证、请柬、文件夹、介绍信、账票、备忘录、资料袋、公文表格等。

B．企业外部建筑环境：建筑造型、公司旗帜、企业门面、企业招牌、公共标识牌、路标指示牌、广告塔、霓虹灯广告、庭院美化等。

C．企业内部建筑环境：企业内部各部门标识牌、常用标识牌、楼层标识牌、企业形象牌、旗帜、广告牌、POP广告、货架标牌等。

D．交通工具：轿车、面包车、大巴士、货车、工具车、油罐车、轮船、飞机等。

E．服装服饰：经理制服、管理人员制服、员工制服、礼仪制服、文化衫、领带、工作帽、纽扣、肩章、胸卡等。

F．广告媒体：电视广告、杂志广告、报纸广告、网络广告、路牌广告、招贴广告等。

G．产品包装：纸盒包装、纸袋包装、木箱包装、玻璃容器包装、塑料袋包装、金属包装、陶瓷包装、包装纸。

H.公务礼品：T恤衫、领带、领带夹、打火机、钥匙牌、雨伞、纪念章、礼品袋等。

I.陈列展示：橱窗展示、展览展示、货架商品展示、陈列商品展示等。

J.印刷品：企业简介、商品说明书、产品简介、年历等。

2.2　主题标志确立

▶ 2.2.1　项目背景

项目	客户	服务内容	时间
加拿大加运成果（重庆）房地产项目管理咨询有限公司LOGO	加拿大加运成果（重庆）房地产项目管理咨询有限公司	行业分析研究 标志设计及运用	2008年

加拿大加运成果（重庆）房地产项目管理咨询有限公司是加拿大在中国投资的一家跨国公司，主要涉足于房地产类项目管理、策划、经纪、设计及造价咨询。该公司以诚信、团结、高效、务实的经营管理为原则，具有完善的现代企业制度和科学规范的经营管理模式。

▶ 2.2.2　设计构思

（1）提取诉求点

根据对企业背景的了解，VI设计需要传达的信息主要集中在"房地产、加拿大外资、高效、品质"这四点上。

（2）分析诉求点

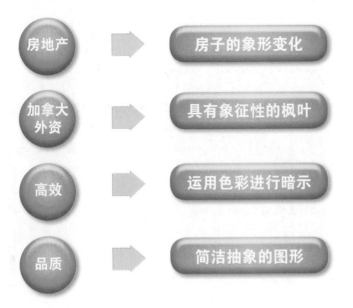

（3）提炼表现手法

暖色调　＋　房子的象形变化　＋　具有象征性的枫叶

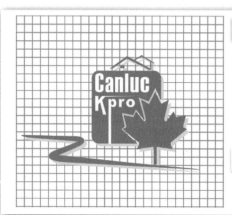

设计分析　**抓住企业核心职能**

　　图形采用加拿大的枫叶标志这一特点元素，象征着企业所具有的国际理念，高起点，面向国际，创造无限发展的可能，体现企业立足房地产业、以发展经营为主体，并多元全方位发展的特色。

文件路径　素材文件\Chapter2\01\complete\加运标志.cdr

▶ **2.2.3　制作方法**

1．制作主体图形

● 主体图形以抽象的几何图形为主。
● 标志造型为橘红色，因此先确定标志展示的背景色，在背景上对图形进行填充和效果的制作更加直观。

Step 01　新建文件

运行CorelDRAW X5，单击工具栏中的"新建"按钮，新建"图形1"。

Step 02 新建枫叶图形

❶ 在工具箱中选择"手绘工具" 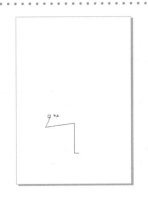 → "折线" 📐。

❷ 绘制出枫叶的图形。为了保证枫叶的对称性，这里只需要绘制一半的枫叶。

Step 03 填充颜色

❶ 在工具箱中选择"选择工具" 🔲，选中刚才绘制的枫叶。

❷ 单击调色板中的红色色块，并右击调色板顶部的无填充按钮⊠，去掉枫叶的边框。

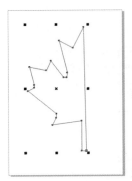

为什么只绘制一半的枫叶？

由于在这个标志中所运用的枫叶是左右对称的，为了保证图形的对称性，并减少工作量，我们只需要绘制出枫叶的左半部分，再复制出右半部分，最后将这两部分组合到一起，就成为一个完整的枫叶图形了。这种方法同样可以应用于其他对称图形中，能够大大提高工作效率。

Step 04 制作完整的枫叶图形

❶ 按小键盘中的<＋>键，复制一个图形。

❷ 选中复制的图形，单击属性栏上的"水平镜像"按钮🔳，并将图形做适当调整，使其组合为一个完整的枫叶。

Step 05 制作正方形

❶ 在工具箱中选择"矩形工具"
🔲，按住<Ctrl>键，绘制一个
正方形。

❷ 在工具箱中选择"形状工具"
🔳，将正方形的直角调整为圆角。

❸ 在工具箱中选择"选择工具"
🔲，将图形选中，同样设置为红
色，并去掉边框。

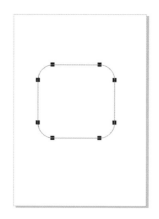 

Step 06 将正方形裁出枫叶边缘的形状

❶ 在工具箱中选择"裁剪工具"
🔳→"橡皮擦"🔳，在属性栏中
更改橡皮擦的参数设置。

❷ 单击正方形的边缘为裁切起
点，裁切出枫叶的形状。注意尺
寸要比原来的枫叶尺寸稍大。

Step 07 分离裁切部分并组合主体图形

❶ 按<Ctrl+K>快捷键，打散
曲线。

❷ 选中枫叶边缘部分，按<Delete>
键将其删除。

❸ 将完整的枫叶图形与裁切后的
正方形组合在一起。

Step 08 制作房顶形状

❶ 在工具箱中选择"手绘工具"
⚡→ "折线"▲。

❷ 绘制出房顶的形状，将其选中，按小键盘中的 < + > 键，复制一个图形，并适当调整大小。

❸ 在工具箱中选择"矩形工具"
▢，绘制出一个矩形。将所有元素组合好后，选中图形，单击调色板中的红色色块，右击调色板顶部的无填充按钮⊠，取消矩形轮廓颜色。

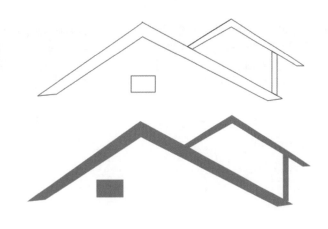

2. 制作文字

● 该文字作为标志的一个组成部分，在制作的时候将其看作图形的一部分来处理。先将文字转化为曲线，再通过局部拉伸、变形，实现画面的统一感。

Step 01 输入文字

❶ 在工具箱中选择"文本工具"字，在属性栏中设置文本属性。

❷ 在页面上单击，显示输入光标后输入文字。完成后单击调色板中的白色色块，填充文字为白色。

Step 02 将文字转换为曲线

❶ 在工具箱中选择"选择工具" ⬚，按<Ctrl+Q>快捷键，或单击属性栏中的"转换为曲线"按钮⬚，将文字转换为曲线。再按<Ctrl+K>快捷键打散曲线。

❷ 选中出现变化的文字，按<Ctrl+L>快捷键结合图形。

Step 03 调整文字形状

❶ 在工具箱中选择"选择工具" ⬚，选中文字，拖动节点，调整大小、长宽比例和间距。

❷ 在工具箱中选择"形状工具" ⬚，拖动节点，对需要调整形状的字母进行调整，效果如下图所示。

3．制作辅助图形

制作辅助图形

❶ 在工具箱中选择"手绘工具" ⬚→"艺术笔" ⬚，参照图示绘制出图形的大致轮廓。

❷ 在工具箱中选择"形状工具" ⬚，单击属性栏中的"添加节点"按钮⬚，在需要添加节点处单击添加节点，以便于对形状进行调整。拖动节点，调整形状，尽量将图形调整到与图示相同。

❸ 单击调色板中的红色色块，右击调色板顶部的无填充按钮⊠，取消矩形轮廓颜色。

怎样用艺术笔绘制出理想的图形？

通过鼠标往往无法完美地绘制出流畅的线条和图形，在绘制图形的时候可以考虑使用手绘板，好的手绘板具有灵敏的压感，笔触的轻重缓急都能良好地表现出来，其效果是单纯用鼠标绘制所无法比拟的。

▶ **2.2.4 客户为什么满意**

初学者：设计师，您好！企业为什么需要一个规范统一的视觉识别形象呢？

设计师：对于一个企业来说，一个规范而统一的视觉识别形象能充分体现企业的工作品质及精神品质，需要根据自身的行业特征、产品特征和文化内涵的具体要求来定位VI设计的视觉表现。

初学者：前面提到需要设计师对企业进行市场定位与分析，那么怎样才能对企业有正确的定位呢？

设计师：作为一个设计师，在对客户进行服务时，不仅需要平时的积累以及寻找结合物的契合点，更多的是要对企业进行全方位的了解和分析，当我们对企业或一项设计目标有了明确的认识和了解后，那么其鲜明的特点也就不难挖掘出来了。

初学者：那么怎样才能使设计出来的VI作品具有鲜明的特点呢？

设计师：鲜明的特点即指作品具有高度的识别性并能对企业起到良好的推广作用，这需要结合企业自身的特点，加以组合和放大。

初学者：一些企业认为VI就是企业标志，只需简单设计即可。这样的思想是正确的吗？

设计师：当然是不正确的，标志是VI中的一项基础元素，必须配合企业标准字体、色彩的完美结合以及在各种场合的合理应用，才是完美VI应用的具体表现。

▶ 2.2.5　媒介介绍

企业VI标志的应用媒介非常广泛，可以应用在以下媒介：办公用品、企业外部建筑环境、企业内部建筑环境、交通工具、服装服饰、广告媒体、产品包装、公务礼品等。

▶ 2.2.6　优秀案例欣赏

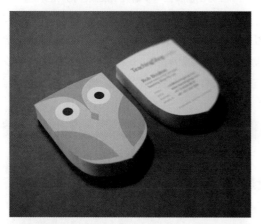

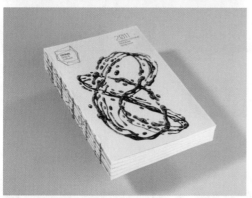

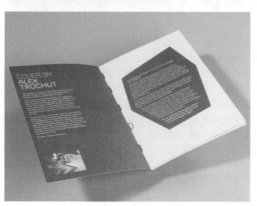

2.3 标志应用规范

▶ 2.3.1 项目背景

项目	客户	服务内容	时间
企业标志全称标准组合	四川申一现代农业有限责任公司	标志设计及标志全称标准组合	2010.4

　　四川申一现代农业有限责任公司是一家新型现代农业公司，业务涵盖农业科学研究，蔬菜、花卉的种植与销售，农产品（不含粮食）加工、外运，观光农业，耕地开垦，三级园林绿化工程。公司以"走绿色道路，创生态文明"为经营理念，全面致力于现代农业科技研究、现代农业生产资料开发、现代农产品生产基地建设、现代农业栽培模式构建、现代农产品营销网络拓展。经过几年的努力，成功打造了一条从果蔬良种、生物有机肥等农资供应，到农作物绿色有机栽培与产品加工，再到农产品出口外销、机构配送、超市专卖、批发网络的完整"绿色生态产业链"。

▶ 2.3.2 设计构思

（1）提取诉求点

根据对四川申一现代农业有限责任公司背景的了解，标志需要传达的信息主要集中在"申一、农业"这两点上。

（2）分析诉求点

（3）提炼表现手法

设计分析

抓住企业核心理念

　　标志主体取汉字"申"字拼音"S"变形而成。其互补的形状也与汉字"申"字相呼应，做到形与意巧妙的结合，提高标识自身的可识别性与可记忆性，做到形与意的巧妙结合。

　　抽象的植物条状图形，反映出企业与植物有关的经营特性。婉转而有力的线条，象征企业积极向上、勇于开拓的朝气与活力。其形状也与符号"∞"相似，寓意企业无限的生命力。标识自身也像一根贯通的纽带，是交流与沟通的体现，也与企业对外贸易的性质相吻合。

文件路径　素材文件\Chapter2\02\complete\申一农业.cdr

▶ 2.3.3　制作方法

> ### 1. 制作主体图形
>
> ● 主体图形由字母 "S" 变形而成。
> ● 标志造型与标识自身也像一根贯通的纽带，是交流与沟通的体现，也与企业对外贸易的性质相吻合。标识本身字体的设计，包含了图形、中文文字、英文字母、数字符号，线条简练，表现出二维与三维的视觉关系。

Step 01 新建文件

❶ 运行CorelDRAW X5，单击工具栏中的 "新建" 按钮，新建 "图形1"。

❷ 单击属性栏中的 "横向" 按钮，将页面转换为横向。

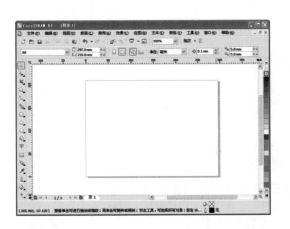

Step 02 制作主体图形

❶ 在工具箱中选择 "手绘工具" → "钢笔"。

❷ 利用钢笔工具绘制出图形轮廓。该图形由三部分组成。

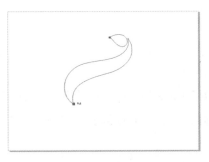

Step 03 填充颜色

❶ 在绘制好的图形轮廓中，选中图中所示红色区域，按小键盘中的<+>键，复制一个图形。

❷ 在工具箱中选择"填充工具" 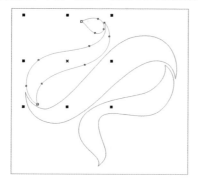→ "渐变填充"，在弹出的"渐变填充"对话框中设置参数。

❸ 设置完成后，单击"确定"按钮，应用渐变填充。

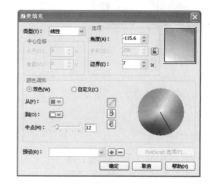

Step 04 设置透明度

❶ 在工具箱中选择"调和工具"→ "透明度"。

❷ 在属性栏中设置"透明度类型"为 "线性"，在矩形上拖动鼠标，对其 应用线性交互式透明。

无
标准
线性
射线
圆锥
方角
双色图样
全色图样
位图图样
底纹

Step 05 继续填充颜色

❶ 将刚才填充好颜色的部分移开，剩下一个完整的图形。

❷ 按照相同的方法，将其他图形结合后进行渐变填充。在"渐变填充"对话框中如下图所示设置相应 的参数。

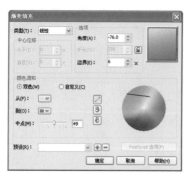

Step 06 完成图形

❶ 将分别填充颜色的两部分图形组合到一起。

❷ 选中图形，右击调色板顶部的无填充按钮⊠，去掉边框。至此，主体图形制作完成。

四川申一現代農業有限責任公司
SICHUAN STAIONERY AGRICULTURE CO.,LTD

2. 制作文字

● 图形制作完成后，接下来需要将企业名称和图形相结合。

输入企业名称

❶ 在工具箱中选择"文本工具"字，在属性栏中设置文本属性。

四川申一現代農業有限責任公司
SICHUAN STAIONERY AGRICULTURE CO.,LTD

❷ 在页面上单击，显示输入光标后输入企业名称"四川申一现代农业有限责任公司"。完成后单击调色板中的黑色色块，填充文字为黑色。

四川申一現代農業有限責任公司
SICHUAN STAIONERY AGRICULTURE CO.,LTD

▶ **2.3.4 应用规范介绍**

标志的应用规范包括企业标志设计、企业标准字体、企业标准色（色彩计划）、企业象征图形、企业专用印刷字体、基本要素组合规范等。

标志黑白效果

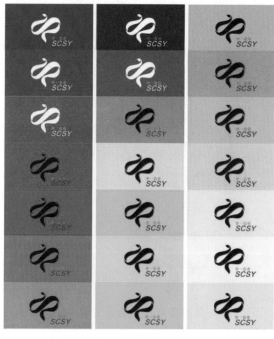

标志彩色效果

标志全称标准组合及简称标准组合

标志配色效果

▶ 2.3.5　优秀案例欣赏

标志设计

名片设计

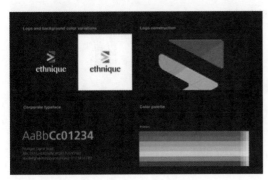

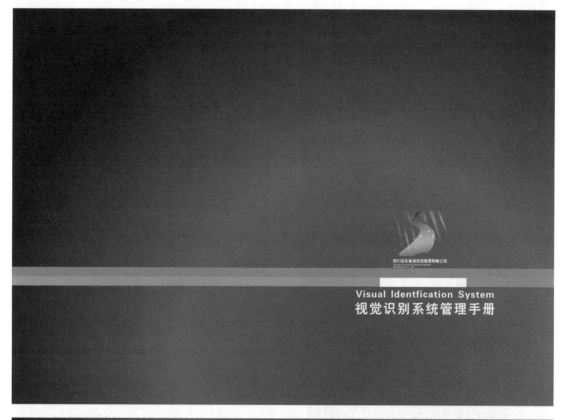

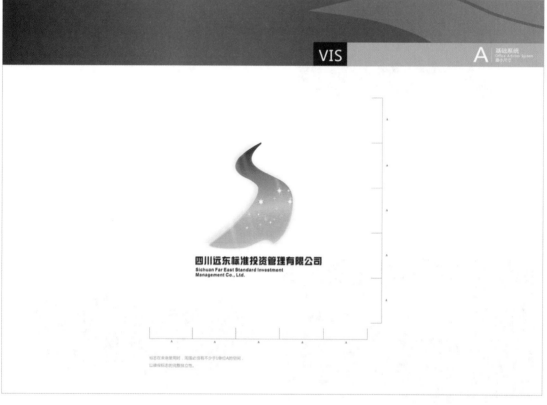

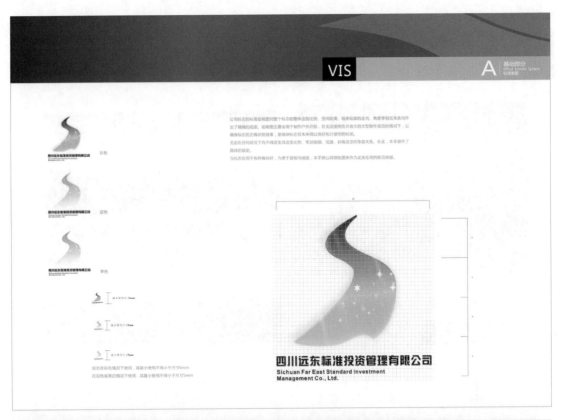

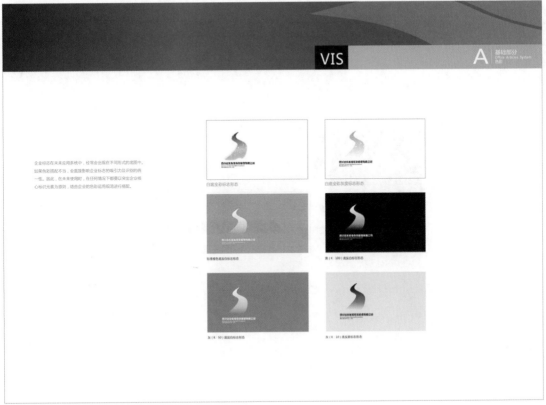

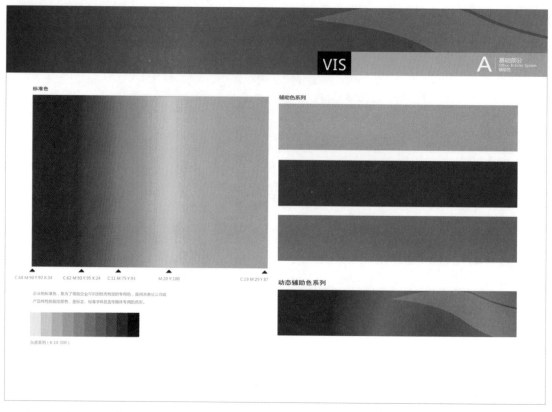

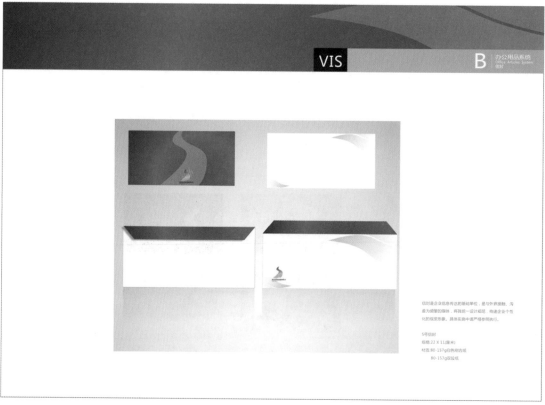

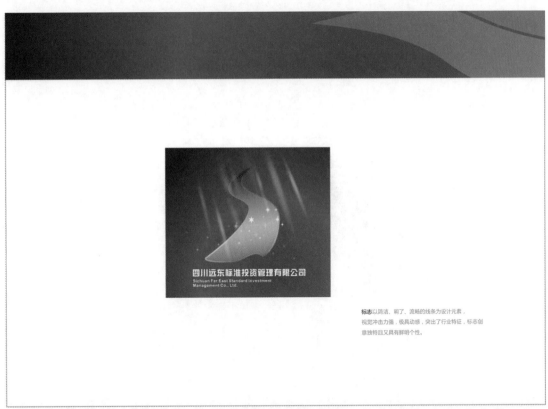

标志以简洁、明了、流畅的线条为设计元素，
视觉冲击力强，极具动感，突出了行业特征，标志创
意独特且又具有鲜明个性。

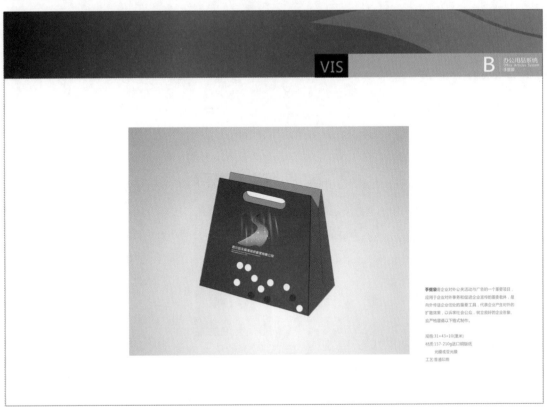

手提袋是企业对外公关活动与广告的一个重要项目，
应用于企业对外事务和促进企业宣传的重要载体，是
向外传递企业文化的重要工具，代表企业产生对外的
扩散效果，以赢来社会公众，树立良好的企业形象，
应严格遵循以下格式制作。

规格:31×43×10(厘米)

材质:157-210g进口铜版纸

光膜或亚光膜

工艺:普通印刷

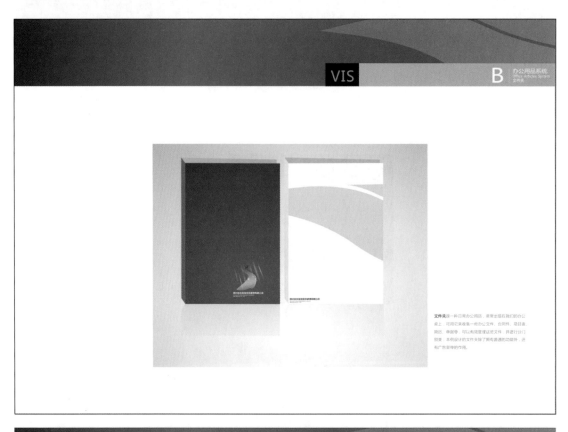

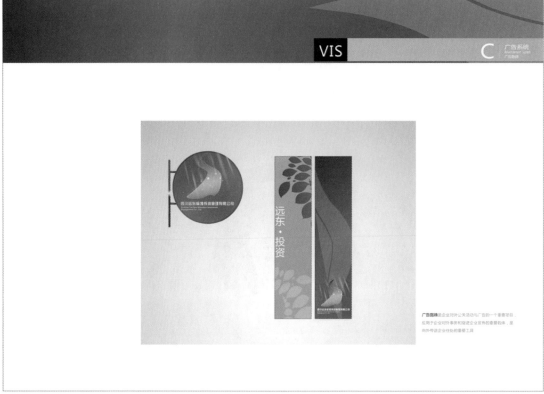

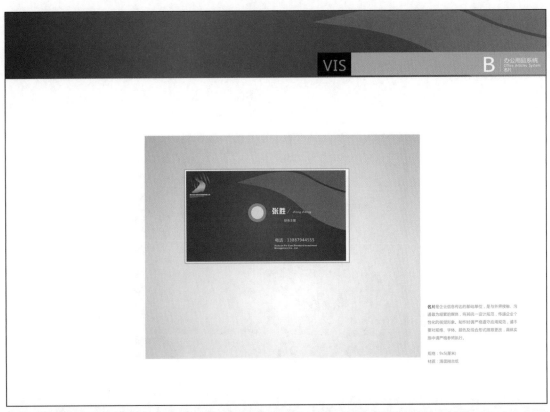

名片是企业信息传达的基础单位，是与外界接触、沟通最为频繁的媒体，将其统一设计规范，传递企业个性化的视觉形象，制作时请严格遵守应用规范，请不要对规格、字体、颜色及组合形式随意更改，具体实施中请严格参照执行。

规格：9×5(厘米)
材质：滴面附古纸

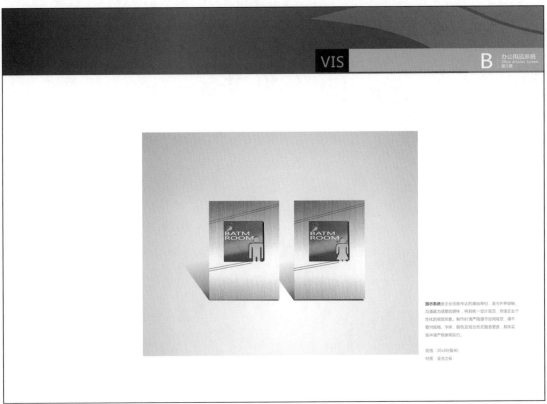

指示系统是企业信息传达的基础单位，是与外界接触、沟通最为频繁的媒体，将其统一设计规范，传递企业个性化的视觉形象，制作时请严格遵守应用规范，请不要对规格、字体、颜色及组合形式随意更改，具体实施中请严格参照执行。

规格：20×30(厘米)
材质：亚力力板

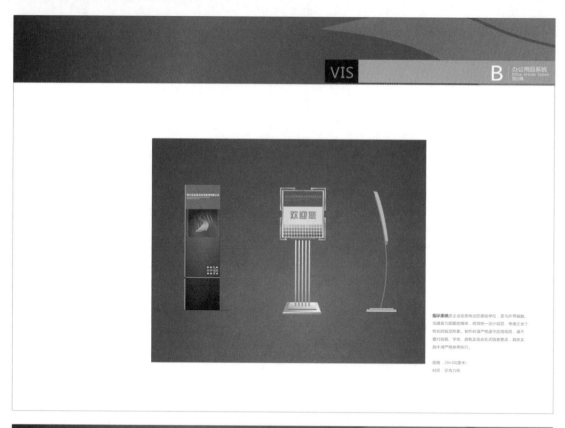

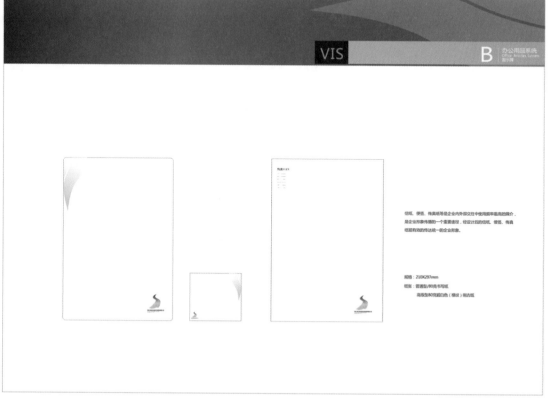

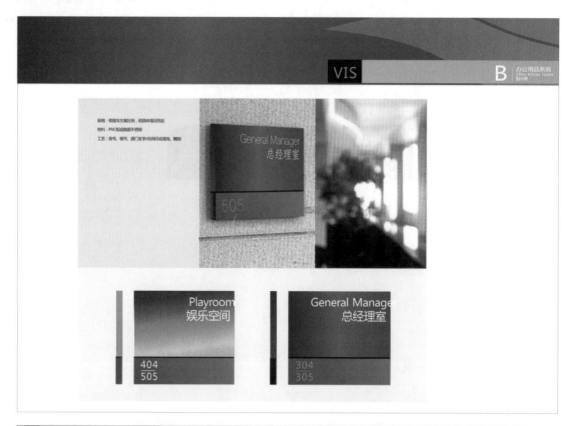

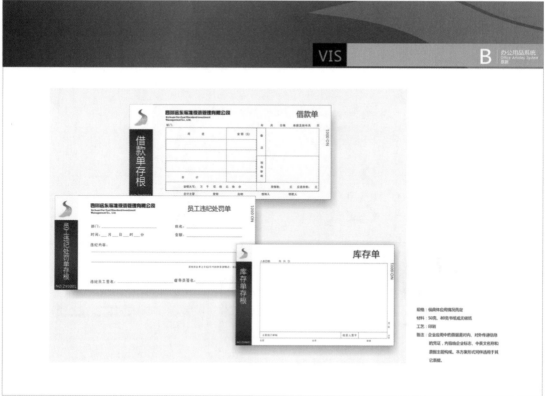

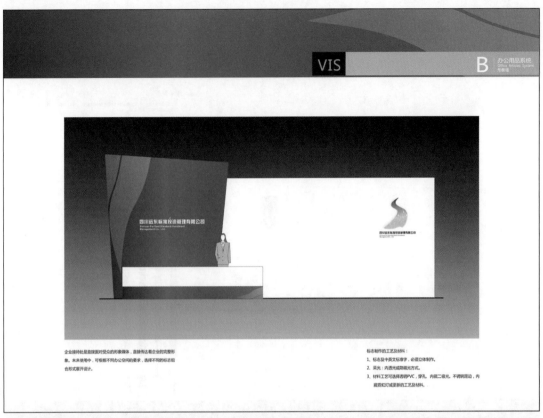

企业接待处是直接面对受众的形象媒体，直接传达着企业的完整形象。未来使用中，可根据不同办公空间的要求，选择不同的标志组合形式展开设计。

标志制作的工艺及材料：
1、标志及中英文标准字，必须立体制作。
2、采光：内透光或隐藏光方式。
3、材料工艺可选择透明PVC，穿孔、内置二级光、不锈钢圈边，内藏荧光灯或更新的工艺及材料。

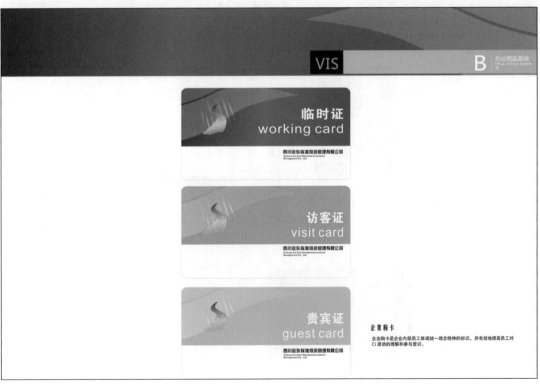

临时证
working card
四川远东标准投资管理有限公司
Sichuan Far East Standard Investment
Management Co., Ltd.

访客证
visit card
四川远东标准投资管理有限公司
Sichuan Far East Standard Investment
Management Co., Ltd.

贵宾证
guest card
四川远东标准投资管理有限公司
Sichuan Far East Standard Investment
Management Co., Ltd.

企业胸卡
企业胸卡是企业内部员工体现统一理念精神的标识，并有效地提高员工对CI活动的理解和参与意识。

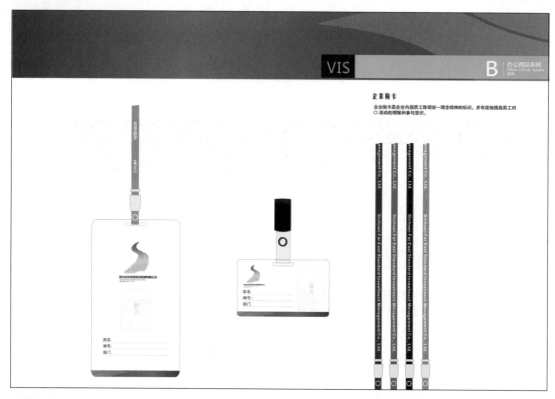

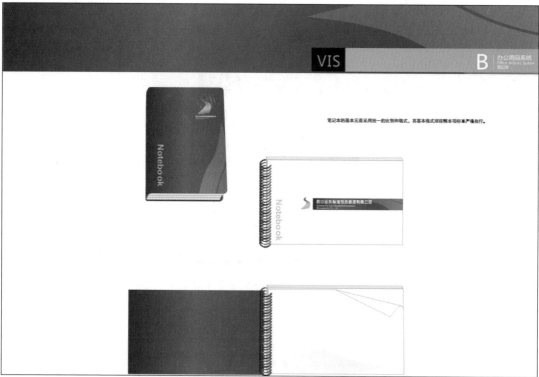

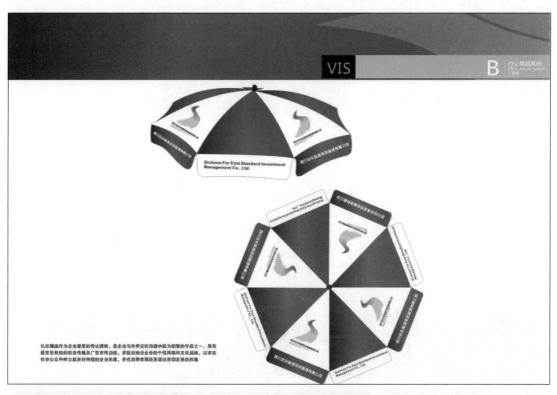

礼仪赠品作为企业重要的传达媒体，是企业与外界交往沟通中最为睿智的手段之一。具有最常见有效的信息传播及广告宣传功能，并能反映出企业的个性风格和文化品味，以求在社会公众中树立起良好热情的企业形象，并在消费者面前呈现出亲切友善的形象。

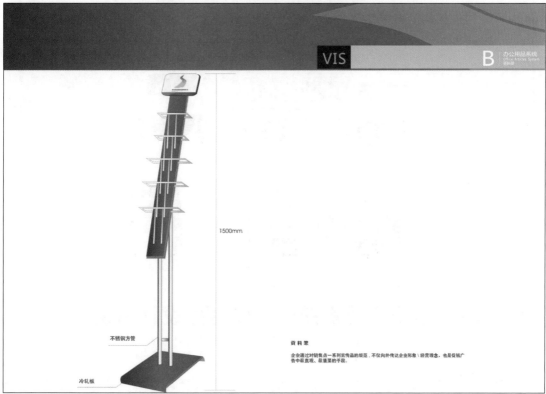

1500mm

不锈钢方管

冷轧板

资料架

企业通过对销售点一系列宣传品的规范，不仅向外传达企业形象\经营理念，也是促销广告中最直观、最重要的手段。

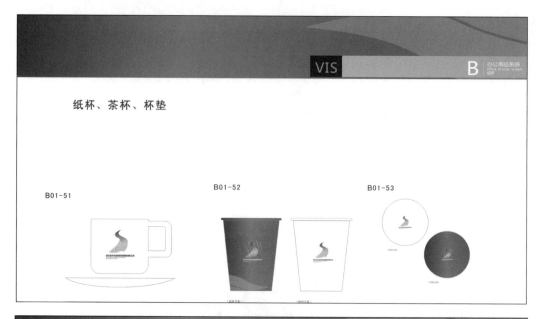

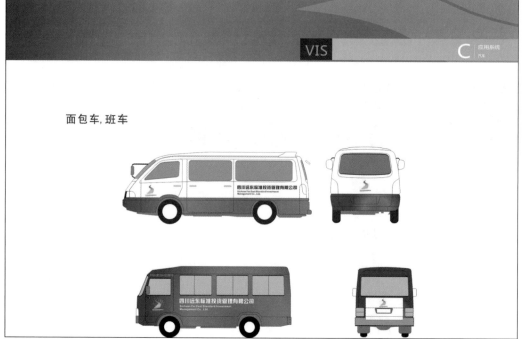

 ## 2.4 办公应用系统——以名片设计为例

▶ 2.4.1 项目背景

项目	客户	服务内容	时间
公司名片	重庆金冠广告 文化传播有限公司	公司名片设计	2009.6

　　重庆金冠广告文化传播有限公司是一家以广告设计制作和代理发布以及信息咨询为主的公司。公司业务涵盖招牌、字牌、灯箱、展示牌、霓虹灯、电子翻板装置、充气装置、电子显示屏、车载等形式的广告；代理报刊广告、影视、广播广告；企业形象设计；商务文化交流；展览服务。

▶ 2.4.2　设计构思

（1）提取诉求点

　　根据对公司主要服务内容的了解，名片需要传达的信息主要集中在"公司标志、负责人、公司基本信息、时尚感"这四点上。

（2）分析诉求点

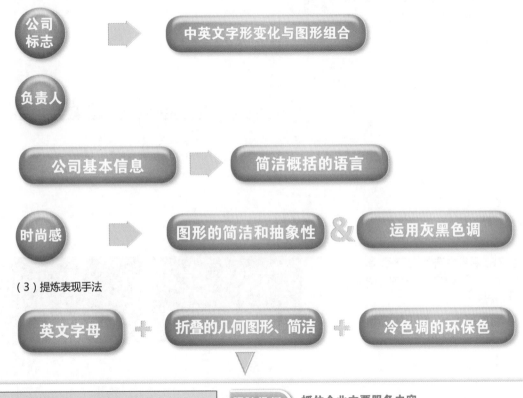

（3）提炼表现手法

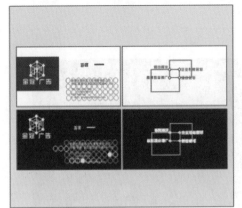

设计分析　**抓住企业主要服务内容**

　　名片设计应简洁而又不失格调，采用了以灰黑色为主的基调，配以黄色点缀，具有时尚感，与公司的服务内容相呼应。名片虽然造型简单但信息含量大，公司的基本信息全部囊括在内。

文件路径　素材文件\Chapter2\03\complete\金冠.cdr

▶ **2.4.3　制作方法**

1. 制作名片底色及形状

Step 01　新建文件

❶ 运行CorelDRAW X5，单击工具栏中的"新建"按钮▣，新建"图形1"。

❷ 单击属性栏中的"横向"按钮▣，将页面转换为横向。设置纸张宽度为90mm，高度为50mm。

Step 02　新建图形

❶ 在工具箱中选择"矩形工具"▣，新建一个与纸张大小相同的矩形，并填充为黑色。

❷ 将图形选中，按小键盘中的< + >键，复制一个图形。

Step 03　添加底部装饰图案

❶ 在工具箱中选择"椭圆形工具"▣，按住<Ctrl>键，绘制出一个正圆形，并在调色板中单击"60%黑"色块，更改图形颜色。

❷ 按小键盘中的< + >键，复制一个图形，将绘制出的圆形复制为42个，再依次序排列。

❸ 对照右图，将部分圆形的颜色更改为黄色。

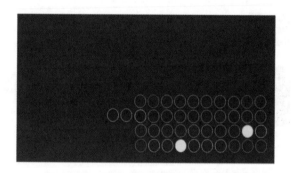

怎样快速改变文字大小?

选择"文本工具" 字 后在画面中单击,显示输入光标后输入文字。调整文字的方法有两种:在属性栏中设置字体大小,或运用"选择工具" 直接拖动文字。运用"文本工具" 字 在画面中拖动,出现段落文本框后,在其中输入段落文字。要改变段落文字的大小,只能通过属性栏中的"字体大小"下拉列表框。

Step 04 添加文字

❶ 在工具箱中选择"文本工具" 字 ,在属性栏中设置文本参数。

❷ 在页面上单击,显示输入光标后输入文字。完成后单击调色板中的白色色块,填充文字为白色。

2. 绘制标志图形

● 标志图形以金冠的"金"字拼音"JIN"和"冠"的拼音首字母"G"为元素,制作成立体效果。

Step 01 制作正方体

❶ 在工具箱中选择"基本形状工具" ,在属性栏中单击"完美形状"下拉按钮 ,选择形状为平行四边形。

❷ 拖动鼠标绘制一个平行四边形后,在工具箱中选择"调和工具" → "封套" 。右击线段中间的节点,在弹出的快捷菜单中选择"到直线"命令。

Step 02 调整形状

❶ 拖动节点调整四边形形状。

❷ 在工具箱中选择"选择工具" 🔲，选中调整好的四边形，将图形复制。

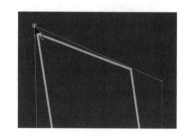

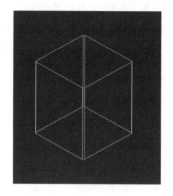

Step 03 制作立方体

❶ 选中图形，按小键盘中的 <+>键，复制一个图形。

❷ 单击属性栏上的"水平镜像"按钮🔳，将图形水平翻转。

❸ 按照同样的方法，完成立方体的制作。

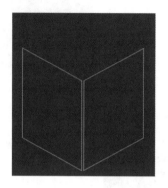

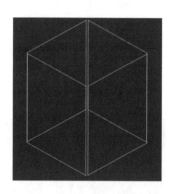

Step 04 制作立方体上的文字

❶ 在工具箱中选择"文本工具" 🔲，输入大写字母"J"，在属性栏设置字体参数，在调色板中单击"40%黑"色块，更改文字颜色。

❷ 在工具箱中选择"选择工具" 🔲，选中文字，按<Ctrl+Q>快捷键，或单击属性栏中的"转换为曲线"按钮🔘，将字母转换为曲线，并适当调整大小。在工具箱中选择"调和工具" 🔲→"封套" 🔲。

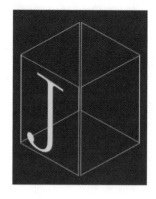

経典综艺体繁

❸ 右击线段中间的节点，在弹出的快捷菜单中选择"删除"命令，再右击线段顶点，在弹出的快捷菜单中选择"到直线"命令。

Step 05 调整文字形状

❶ 继续拖动节点调整文字形状。

❷ 运用同样的方法，参照图示，输入其他3个字母并制作效果，制作时注意透视关系。

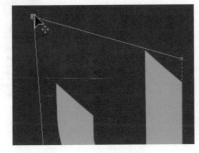 

Step 06 将图形制作完成

❶ 选中步骤1制作好的黄色图形，按小键盘中的<+>键，复制7个图形。

❷ 将制作好的图形按次序组合。在需要向后调整顺序的矩形上右击，在弹出的快捷菜单中选择"顺序"→"置于此对象后"命令。

3. 制作文字

● 图形制作完成，接下来需要添加文字。

输入企业名称

❶ 在工具箱中选择"文本工具" <img_1>，在属性栏中设置文本参数。

❷ 在页面上单击，显示输入光标后输入"金冠广告"。完成后单击调色板中的黄色色块，填充文字为黄色。

怎样调整图形的轮廓形状？

选中图形后，在工具箱中选择"封套工具" 📧，并在红色节点上进行拖动，即可对图形应用交互式封套工具进行变形。

▶ **2.4.4 客户为什么满意**

初学者： 一个好的名片设计对企业或个人有什么样的作用呢？

设计师： 一个好的名片对企业尤为重要，它能进一步完善企业形象，并以推销企业为目的，在无形中对企业的发展起作用。对个人也是同样如此，它能够完善个人形象，传递个人信息和业务信息，起到向别人推销自己的作用。

初学者： 名片的大小尺寸有规定吗？

设计师： 一般名片的尺寸为90mm*55mm、90mm*50mm、90mm*45mm。

初学者： 设计名片前，应该如何来构思呢？

设计师： 所谓构思是指设计者在设计名片之前的整体思考。一张名片的构思主要从以下几个方面入手，使用人的身份及工作性质，工作单位性质，名片持有人的个人意见及单位意见，制作的技术问题，最后是整个画面的艺术构成。名片设计是以艺术构成的方式形成画面，所以名片的艺术构思就显得尤为重要。还需要剖析构成要素的扩展信息，对名片持有者的个人身份、工作性质、单位性质、单位的业务行为及业务领域等做全面的分析。

初学者： 所以在设计名片的过程中，艺术感是最重要的？

设计师： 这个观点是错误的，艺术感固然重要，但在设计过程中也不可忘记名片的本质作用，要将名片持有人的信息全部包含其中，并尽量做到信息全面而不累赘。

初学者： 在名片的设计过程中，怎样做到画面比例均衡，您有什么好的经验吗？

设计师： 名片虽小，却也是一个完整的画面，所以存在着画面的比例与均衡问题。这里包括两个方面，其一是名片的整体内容，包括方案、标志、色块的比例关系；其二是边框线的比例关系。

黄金比是设计中应用较多的一种比例。黄金比矩形的宽与长的比例是1:1.618。日常生活中常见的明信片、纸卡、邮票和一些国家的国旗等都采用这个比例。黄金比是法国建筑师柯尔毕塞根据人体结构的比例与数学原理编制出来的。美国一位叫格列普斯的人，用五个不同比例的矩形在群众中进行民意测验，结果认可度最高的是黄金比矩形。

黄金比画法1：以正方形的一边为宽，求黄金矩形。其方法是，首先量取正方形一边的中点，再以此点为圆心，以该点与对角的连线为半径绘制圆弧，交到正方形底边的延长线上，引交点即为黄金矩形长边的端点。

黄金比画法2：以正方形的一边为长，求黄金矩形。其方法是，首先量取正方形一边的中点，从该点向其对角做连线，再以该中点为圆心，以正方形边长的二分之一为半径绘制圆弧，交到该中点到对角的连线上，再以对角为圆心，以圆弧与对角线的交点为半径绘制圆弧，交到正方形的对边上，以此点做平行线所成的矩形即为黄金分割矩形。

名片按其性质可以分为以下三类。

（1）身份标识类名片。这类名片主要应用于政府机关、科研院所、学校、金融、保险等单位中，名片的内容主要标识持有者的姓名、职务、单位名称及必要通信方式，以传递个人信息为主要目的。

（2）业务行为标识类名片。这类名片主要应用于生产流通领域及服务业，名片的持有者主要是企业的购销人员及小型企业的经营者，名片的内容除标识持有者的姓名、职务、单位名称及必要通信方式外，还要标识出企业的经营范围、服务方向、业务领域等，以传递业务信息为目的。

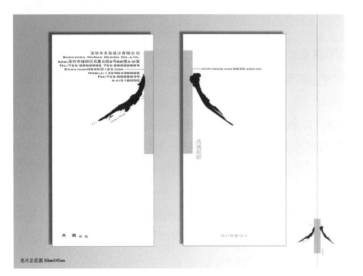

（3）企业CI系统名片。这类名片主要应用于有整体CI策划的较大型企业，名片作为企业形象的一部分，以完善企业形象和推销企业产品为目的。

▶ 2.4.5　优秀案例欣赏

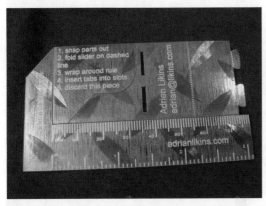

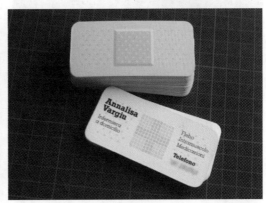

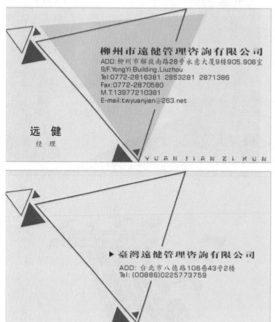

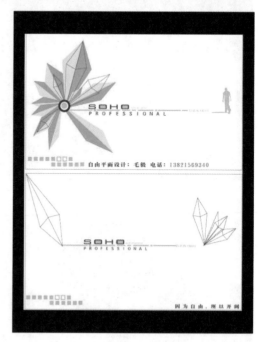

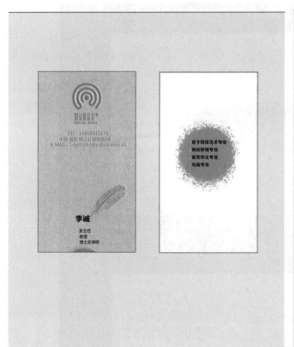

Chapter 03

DM单——版式和内容的创新

　　DM（direct mail advertising）译为"直接邮寄广告"，即通过邮寄和赠送等形式，将宣传品送到消费者手中、家里或公司所在地。美国直邮及直销协会（DM/MA）对DM的定义是：针对广告主所选定的对象，将印就的印刷品，用邮寄的方法传达广告所主要表达的信息的一种手段。DM是区别于传统的广告刊载媒体（如报纸、电视、广播、互联网等）的新型广告发布载体，是贩卖直达目标消费者的广告通道。

01

02

3.1 什么是DM单设计

（1）DM概述

DM形式有广义和狭义之分，广义上包括广告单页，如大家熟悉的街头巷尾、商场超市散布的传单，以及肯德基、麦当劳的优惠券等；狭义的仅指装订成册的集纳型广告宣传画册，页数在20多页至200多页不等。

（2）DM的优点

1）DM不同于其他传统广告媒体，它可以有针对性地选择目标对象，有的放矢，减少浪费。它对事先选定的对象直接实施广告，广告接受者容易产生其他传统媒体无法比拟的优越感，使其更加自主地关注产品。

2）一对一地直接发送，可以减少信息传递过程中的客观挥发，使广告效果达到最大化，而且不会引起同类产品的直接竞争，有利于中小型企业避开与大企业的正面交锋，潜心发展壮大企业。广告主可以自主选择广告时间、区域，灵活性大，更加适应善变的市场，内容自由，形式不拘，有利于第一时间抓住消费者的眼球。信息反馈及时、直接，有利于买卖双方双向沟通。广告主可以根据市场的变化，随行就市，对广告活动进行调控。

3）DM广告效果客观可测，广告主可根据这个效果重新调配广告费用和调整广告计划。

（3）DM的特点

1）针对性：由于DM广告直接将广告信息传递给真正的受众，因此具有强烈的选择性和针对性。

2）广告持续时间长：一个30秒的电视广告，它的信息在30秒后消失。DM广告则明显不同，在受众做出最后决定之前，可以反复翻阅直邮广告信息，并以此作为参照物来详尽了解产品的各项性能指标，直到最后做出购买或舍弃的决定。

3）具有较强的灵活性：不同于报纸杂志广告，DM广告的广告主可以根据自身的具体情况来任意选择版面大小并自行确定广告信息的长短，以及选择适合自己的印刷形式。

4）具有良好的广告效应：DM广告是由广告主直接寄送给个人的，故而广告主在付诸实际行动之前，可以参照人口统计因素和地理区域因素选择受众，以保证最大限度地使广告信息为受众所接受。

5）具有隐蔽性：DM广告是一种深入潜行的非轰动性广告，不易引起竞争对手的察觉和重视。

3.2 项目DM单

▶ 3.2.1 项目背景

项目	客户	服务内容	时间
王府井百货 项目DM单	王府井集团	服饰节活动推广	2009.10

　　王府井百货经过五十年的创业、发展，现已成为国内专注于百货业态发展的最大零售集团之一，并在全国范围内推进百货连锁规模，实现由地方性企业向全国性企业，由单体型企业向连锁化、规模化、多元化企业集团的转变。公司的经营宗旨是"一切从顾客出发，一切让顾客满意"。这次活动借用了飞机登机的形式，实际上是以此形式带领嘉宾参观商场服饰节，直接将信息传递给观众，具有强烈的选择性和针对性。此次活动的DM单需要针对这一特点来进行设计。

▶ 3.2.2 设计构思

（1）提取诉求点

根据对此次活动的了解，DM单所传达的信息主要集中在"高品质、商场参观、信息传递"这三点上。

（2）分析诉求点

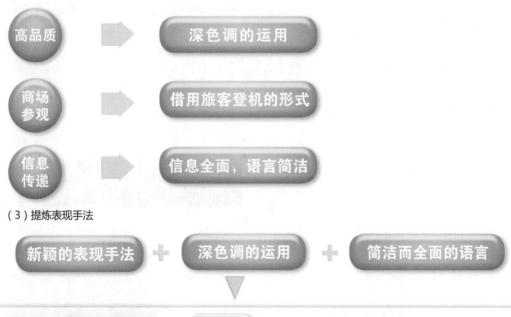

（3）提炼表现手法

设计分析 **抓住DM单所传达的信息内容**

　　此DM单整体色调偏深，在设计上主要采用强烈对比来体现整个DM单的风格，主题部分采用冷色系偏浅色调的色彩元素，以文字和变幻的图形为主要元素，突出重点。在本案例的制作中，我们将针对几个图形来单独讲解制作方法。

文件路径 　　素材文件\Chapter3\01\complete\dm.cdr

▶ **3.2.3 制作方法**

1. 制作DM单轮廓形状

● DM单轮廓不同于传统的四方形，而是设计成了不规则的图形。

● 填充单一的黑色作为DM单背景颜色，使该设计更具有现代感。

Step 01 新建文件

❶ 运行CorelDRAW X5，单击工具栏中的"新建"按钮，新建"图形1"。

❷ 单击属性栏中的"横向"按钮，将页面转换为横向。

Step 02 绘制轮廓

❶ 在工具箱中选择"矩形工具"，在图形上拖动鼠标，绘制一个矩形。

❷ 单击调色板中的黑色色块，填充图形，再右击调色板顶部的无填充按钮，去掉边框。

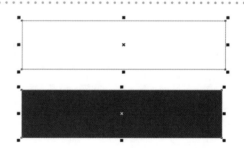

Step 03 制作轮廓辅助图形

❶ 在工具箱中选择"手绘工具" → "折线"，绘制如右图所示的图形，并单击调色板中的黑色色块，填充图形。

❷ 按小键盘中的<+>键，复制一个图形，并单击属性栏中的"水平镜像"按钮，将图形水平翻转。

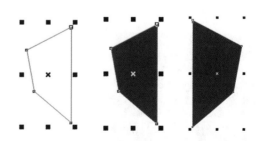

Step 04　完成轮廓制作

❶ 将绘制完成的图形组合到一起。

❷ 按<Ctrl+L>快捷键，将图形结合为一个完整的图形。

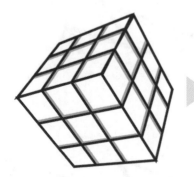

2．绘制立方体

● 在DM单的装饰内容上，设计多个立方体组来为DM单添加设计元素。

● 制作立方体时只需要制作一个精细的参照物，其他的可进行复制和等比例的缩放。

Step 01　绘制外轮廓

❶ 在工具箱中选择"手绘工具" ⮕ "折线" ，绘制如右图所示的三个四边体，注意透视关系。

❷ 将四边体组合到一起。

Step 02　添加直线

❶ 在工具箱中选择"手绘工具" ，为立方体添加直线，增强立体感。

❷ 继续添加直线，注意透视关系。

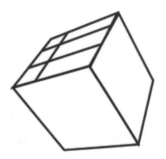

Step 03 为立方体制作立体感

❶ 在黑色线条旁边添加一根线条。

❷ 右击调色板中的"30%灰"色块，将线条填充颜色。

❸ 按<Ctrl+End>快捷键，将线条移动到页面最后。

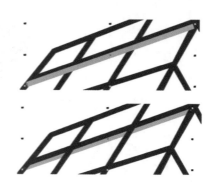

Step 04 继续添加线条

❶ 按照同样的方法在其他黑色线条旁边添加灰色线条。

❷ 注意线条的长短以及透视关系。

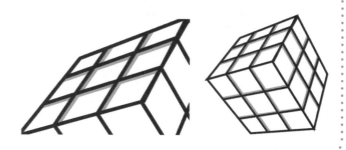

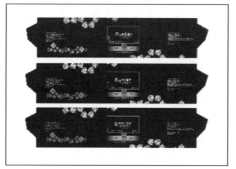

3. 制作文字

● 文字对项目DM单来说是不可或缺的元素，没有文字，就无法更好地将宣传目的展示出来。本案例的文字先被转换为曲线，然后填充渐变效果。

Step 01 输入文字

❶ 在工具箱中选择"文本工具"[字]，在属性栏中设置文本参数。

❷ 在页面上单击，显示输入光标后输入文字。

❸ 按<Ctrl+Q>快捷键，将文字转换为曲线。

本次航班将于20:00起飞
19:00开始我们将为您办理登机手续
登机口将于起飞前十分钟关闭
为避免拥挤，请您提前登机
请穿着黑色服饰或当天服饰秀品牌服饰
从指定登机口登机
谢谢合作!

Step 02 制作渐变色块

❶ 在工具箱中选择"矩形工具" 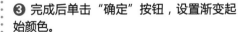，对照
文字大小绘制一个矩形。

❷ 在工具箱中选择"填充工具" ◈→"渐
变填充" ▇，在弹出的"渐变填充"对话
框中设置参数。

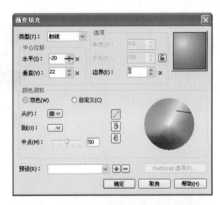

❸ 完成后单击"确定"按钮，设置渐变起
始颜色。

Step 03 将文字应用渐变效果

❶ 单击菜单栏中的"效果"→"图框精确
剪裁"→"放置在容器中"命令。

❷ 光标变为箭头形状，在文字上单击，对
文字应用填充。

本次航班将于20:00起飞
19:00开始我们将为您办理登机手续
登机口将于起飞前十分钟关闭
为避免拥挤,请您提前登机
请穿着黑色服饰或当天服饰秀品牌服饰
从指定登机口登机
谢谢合作!

Step 04 调整效果

❶ 右击文字，在弹出的快捷菜单中选择
"编辑内容"命令，拖动色块进行调整。

本次航班将于20:00起飞
19:00开始我们将为您办理登机手续
登机口将于起飞前十分钟关闭
为避免拥挤,请您提前登机
请穿着黑色服饰或当天服饰秀品牌服饰
从指定登机口登机
谢谢合作!

本次航班将于20:00起飞
19:00开始我们将为您办理登机手续
登机口将于起飞前十分钟关闭
为避免拥挤,请您提前登机
请穿着黑色服饰或当天服饰秀品牌服饰
从指定登机口登机
谢谢合作!

❷ 调整完成后右击色块，在弹出的快捷菜单中选择"完成编辑"命令，并去掉边框。按照设计好的思路，对图形进行排列。

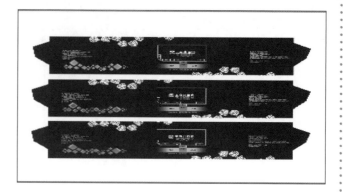

怎样将底纹填充到对象中?

运用图框精确裁剪工具，可以将底纹填充到对象中，并且可以调整底纹在对象中的位置、分布、大小等。

▶ **3.2.4 客户为什么满意**

初学者： 在设计DM之初，需要注意哪些事项？

设计师： DM的优点再多，也不能代表做出的DM一定会被大众所接受。一份好的DM，并非盲目而定。在设计DM时，假若事先围绕它的特点考虑得更多，将对提高DM的广告效果大有帮助。在制作DM的时候，需要注意以下几点。

（1）设计人员要透彻了解商品，熟知消费者的心理习惯和规律。

（2）设计要新颖有创意，印刷要精致美观，以吸引更多的眼球。

（3）DM的设计形式没有固定规则，可视具体情况自由发挥，出奇制胜。

（4）充分考虑其折叠方式、尺寸大小、实际重量，便于邮寄。

（5）可在折叠方法上玩些小花样，如借鉴中国传统折纸艺术，让人耳目一新，但切记要使受众方便拆阅。

（6）配图时，多选择与所传递信息有强烈关联的图案，增加可记忆性。

（7）考虑色彩的魅力。

（8）好的DM莫忘纵深拓展，形成系列，以积累广告资源。在DM中，精品与失败之作往往一步之隔，要使你的DM成为精品，就必须借助一些有效的广告技巧来提高DM效果。

初学者： 那具体操作时，还有哪些值得多思考的呢？

设计师： 在具体操作的时候，设计师需要多考虑如下事项。

（1）DM设计与创意要新颖别致，制作精美，内容设计要让人不舍得丢弃，确保其有吸引力和保存价值。

（2）主题口号一定要响亮，要能抓住消费者的眼球。好的标题是成功的一半，好的标题不仅能给人耳目一新的感觉，而且还会产生较强的诱惑力，引发读者的好奇心，吸引他们不由自主地看下去，使DM广告的广告效果最大化。

（3）注意纸张和规格的选取。

（4）随报投递应根据目标消费者的信息接纳习惯，选择合适的报纸。

初学者： DM的行销角度有哪些？

设计师： DM行销的角度可以分为两类，一是纯派发式；二是通过媒体进行销售，类似数据库行销，DM媒体无疑成为数据库营销的先行者。而数据库营销也正是DM媒体发展的关键。因为购买数据花销很大，许多直投目前还不能完全做到采用商业数据库形式进行实名制直投。即使能够做到实名制直投，数据库是否精准也会成为问题。

▶ 3.2.5　优秀案例欣赏

DM单的形式多种多样，它不仅仅局限于我们通常所见的样式，还可以应用为信件、海报、图表、产品册、公司指南、立体卡片、小包装实物等，应用十分广泛。

DM广告特别适合商场、超市、商业连锁、餐饮连锁、各种专卖店、电视购物、网上购物、电话购物、电子商务、无店铺销售等各类实体卖场和网上购物，也非常适合其他行业相关产品的市场推广，包括目录、折页、名片、订货单、日历、挂历、明信片、宣传册、折价券、家庭杂志、传单、请柬等媒介。

商场活动DM单设计

学校宣传单

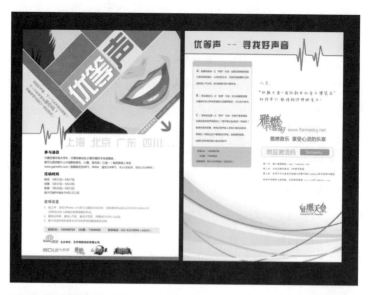

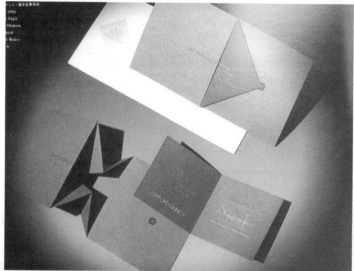

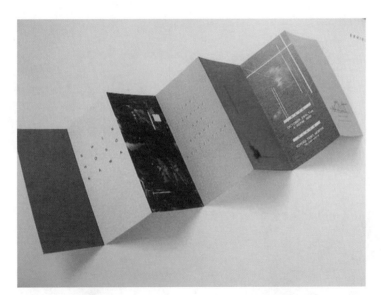

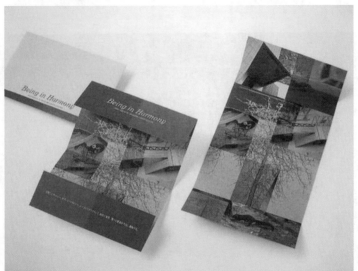

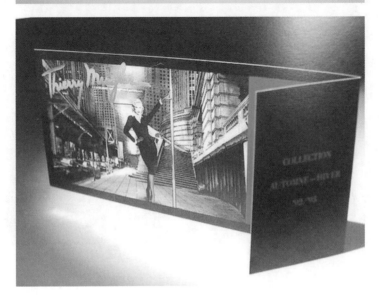

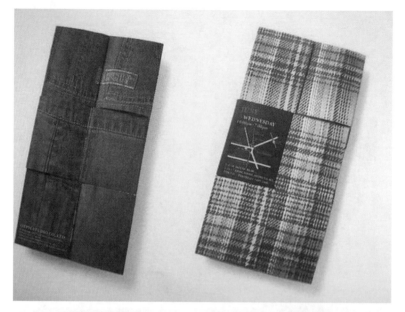

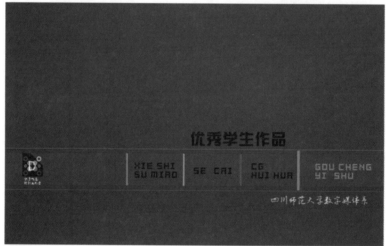

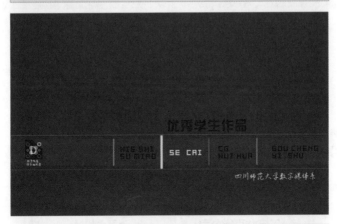

 3.3 会员卡

▶ 3.3.1 项目背景

项目	客户	服务内容	时间
王府井百货 公司会员卡	王府井百货公司	会员卡设计	2009.10

王府井百货公司通过发放会员卡的方法来实行会员服务，实现打折、积分、客户管理等功能，目的在于吸引新顾客的同时也要留住老顾客，并为王府井百货公司做广告宣传。

▶ 3.3.2 设计构思

（1）提取诉求点

根据对此次活动的了解，该会员卡所传达的信息主要集中在"贴心服务、清爽、简洁时尚"这三点上。

（2）分析诉求点

（3）提炼表现手法

设计分析 **抓住会员卡的核心作用**
　　图形整体采用清爽的绿色调，以背景的色彩和变幻的花纹为主体内容。该会员卡的主要作用是体现其VIP性质，除了高档美观的卡面图案，文字部分也十分简洁和突出重点。

文件路径 素材文件\Chapter3\01\complete\me卡.cdr

▶ **3.3.3 制作方法**

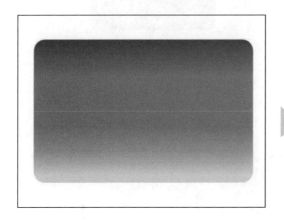

1. 制作卡片底色

● 卡片底色以绿色为主，搭配黄色渐变，整体感觉清爽自然，色调和谐。

Step 01 新建文件

❶ 运行CorelDRAW X5，单击工具栏中的"新建"按钮▣，新建"图形1"。

❷ 单击属性栏中的"横向"按钮▭，将页面转换为横向。

Step 02 新建矩形

❶ 在工具箱中选择"矩形工具"▢，在页面上绘制出一个矩形。

❷ 在工具箱中选择"形状工具"⬁，将矩形的直角调整为圆角。

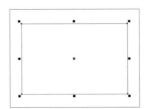
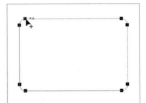

Step 03 填充颜色并复制图形

❶ 在调色板中单击绿色色块，更改图形的颜色。

❷ 按小键盘中的<+>键，复制两个图形。

Step 04 制作渐变颜色

❶ 选中一个复制的图形，在调色板中单击黄色色块，更改图形的颜色，并取消轮廓颜色。

❷ 在工具箱中选择"调和工具"⬚→"透明度"▨，在属性栏中设置"透明度类型"为"线性"。在矩形上拖动鼠标控制节点，对其应用线性交互式透明。

Step 05 继续制作渐变色

❶ 选中另一个复制的图形，填充矩形为"PANTONE色"（C:82,M:62, Y:49,K:9），并取消轮廓颜色。

❷ 在工具箱中选择"调和工具" → "透明度" ，在属性栏中设置"透明度类型"为"线性"，在矩形上拖动鼠标控制节点，对其应用线性交互式透明。

 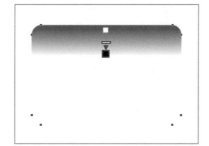

Step 06 组合图形并制作阴影

❶ 将刚才制作好的图形组合到一起，卡片的底色就制作完成了。

❷ 在工具箱中选择"调和工具" → "阴影" ，从图形的中间部分向下拖动，为图形添加阴影，增加立体感。

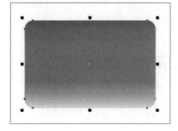 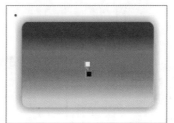 

2. 绘制底纹图形

● 底纹图形以流畅动感的线条和清新舒爽的颜色相结合，图形上下呼应，流动中又有变化。

Step 01 绘制图形

❶ 在工具箱中选择"手绘工具" → "钢笔" ，绘制图形。

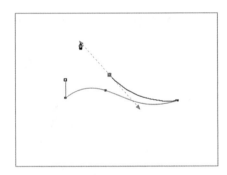

❷ 选中图形，按<Ctrl+L>快捷键，将图形结合。

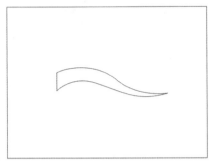

Step 02 制作渐变颜色

❶ 在工具箱中选择"填充工具" → "渐变填充" ，在弹出的"渐变填充"对话框中设置参数，完成后单击"确定"按钮。

❷ 右击调色板顶部的无填充按钮☒，去掉边框。

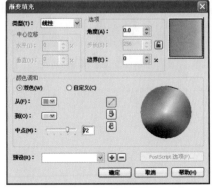

❸ 在工具箱中选择"调和工具" → "透明度" ，在属性栏中设置"透明度类型"为"标准"。

Step 03 制作其他图形

运用同样的方法，复制其他图形，调整大小与方向，制作完成后与之前的图形组合到一起。

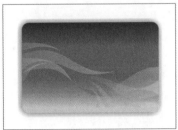

3．制作文字效果

● 主体背景颜色及底纹制作完成以后，卡片的大体效果已经呈现出来，接下来需要添加文字信息，这里介绍"Only Member hold"的做法。

Step 01 制作渐变色条

❶ 在工具箱中选择"矩形工具"▭，在页面上绘制一个矩形。单击调色板中的黄色色块，填充图形。再右击调色栏顶部的无填充按钮⊠，去掉边框。

❷ 在工具箱中选择"调和工具"▧→"透明度"▨，在属性栏中设置"透明度类型"为"线性"。

❸ 运用相同的方法，制作出另一个渐变色条。

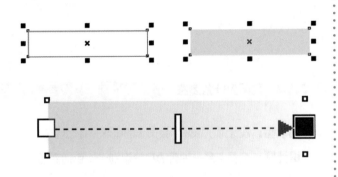

Step 02 制作文字

❶ 在工具箱中选择"文本工具" 字，在属性栏中设置文本参数。

❷ 在页面上单击，显示输入光标后输入字母。在工具箱中选择"填充工具" ◇ → "渐变填充" ■，在弹出的"渐变填充"对话框中设置参数，完成后单击"确定"按钮。

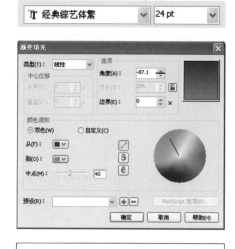

Step 03 完成会员卡

将其他素材元素导入进来并参照右图所示进行适当的位置调整。

▶ 3.3.4 客户为什么满意

初学者： 设计师，您好！会员卡的概念是什么呢？

设计师： 会员卡是一种普通身份识别卡，包括商场、宾馆、健身中心、酒店等消费场所的会员认证。会员卡的用途非常广泛，凡涉及需要身份识别的地方都会应用到这种卡片，如俱乐部、公司、机关团体等。

初学者： 会员卡能对商家起到什么作用？

设计师： 商家通过发放会员卡的方式来实行会员服务，是现在流行的一种服务管理模式。它可以吸引新顾客，留住老顾客，提高顾客的回头率，提高顾客对企业的忠诚度，还能实现打折、积分、客户管理等功能。很多行业都采取这样的服务模式，会员制的形式多数表现为会员卡。一个商家发行的会员卡就相当于它的名片，在会员卡上可以印刷商家的标志和图案，为商家做形象宣传，是商家进行广告宣传的理想载体。同时消费者通过加入会员，能够以比较优惠的价格来获取更加优质的产品和服务。

初学者： 使用会员卡需要什么设备？

设计师： 会员卡系统一般由会员卡、会员卡的读写设备、会员卡管理软件构成。应用流程是，制作会员卡→发行会员卡→顾客使用→管理、计费→统计、报表。而相应的读写设备有磁卡读写器、IC卡读写器、射频卡读写器几种。管理软件可根据各个企业的不同需求去编制适合自己企业的管理系统，其中普通PVC卡是最容易的一种管理方式，不需要任何其他设备支持就可以应用了。

初学者： 会员卡的规格和制作注意事项有哪些？

设计师： 会员卡的标准规格是85.5mm *54mm*0.76mm，类似于常见的银行卡，版面可按顾客要求进行个性化设计，卡身可附加磁条、条码和签名条。

（1）正确下单稿为CorelDRAW源文件，经过特效转成点阵图，文字、符号、图案务必转成曲线。

（2）内框规格为85.5mm*54mm，外框规格为88.5 mm *57 mm，卡片圆角为12°。

（3）小凸码为12号字体，大凸码为18号字体，可用黑体表示，小凸码和大凸码包含空格最多只能19位。凸码可以烫金、烫银或者其他金属，如有特殊要求可以制作个性凸码。

（4）凸码与卡的边距必须大于5mm，磁条距卡内框边（上、下）边为4mm，磁条宽度为12mm。

（5）磁条卡：凸码设计的位置不能压到背面的磁卡，否则磁条信息将无法被读取。

（6）凸码设计的位置不能压到背面的条码，否则无法读取条码数据。条码卡需要根据条码型号留出空位。

（7）色彩阶调：比较理想阶段范围在18%～85%，若高光部分低于18%或暗调部分高于85%，则色彩渐变较差。

（8）色彩模式应该为CMYK，正反纯黑色文字或黑底填色K100，纯色块反白字，白字需加白边。

（9）线条的粗细不得小于0.076 mm，否则印刷将无法呈现。

（10）底纹或底图颜色的设定不要低于8%，否则印刷将无法呈现。

（11）下单前应在稿件中注明以下事项。

- 说明一共制作多少张卡片，标明卡号从哪位开始以及特殊要求，卡号为小凸码、大凸码、平码或喷码，卡号是否需要烫金、烫银或不烫色，背面有几条签名条，卡号或尾号逢"4"或"7"是否要去掉等。
- 正面如有图案或文字需要烫金、烫银也需重点标注。
- 如有特殊的制作工艺应在下单稿件中详细说明。

（12）由于卡片印刷载体不一样，故印刷出来的成品与计算机屏幕显示的或打印出来的彩稿会有一定色差。

（13）填色需按照CMYK色彩模式，计算机屏幕颜色和打印机打印颜色不等同为印刷颜色。

▶ 3.3.5 常见分类介绍

会员卡按行业可分为：酒店会员卡、美食会员卡、旅游会员卡、医疗会员卡、美发会员卡、服装会员卡和网吧会员卡等。

会员卡按等级可分为：贵宾会员卡、会员金卡、会员银卡和普通会员卡等。

会员卡按材质可分为：普通印刷会员卡、磁条会员卡、IC会员卡、ID会员卡和金属会员卡等。

▶ 3.3.6 优秀案例欣赏

Chapter 04

海报设计

海报是能够传递信息的张贴物，虽然如今广告业发展日新月异，但海报始终无法替代，仍然在特定的领域里施展着活力，并取得了令人满意的广告宣传作用。本章将制作四个不同的海报，包括商业宣传海报、文化宣传海报、推广宣传海报和企业招商类海报。类型不同，海报的表现形式也不同。通过这四类海报的制作，读者可以学习海报的设计思路以及设计原则和要点，并总结其特点。在软件技法上，读者能够学习CorelDRAW X5强大的图形编辑功能。

01

04
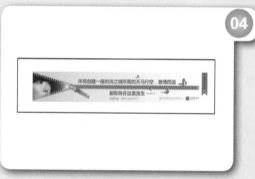

02

03

4.1　什么是海报设计

（1）海报概述

海报是一种信息传递艺术，是一种大众化的宣传工具。海报设计必须有相当的号召力与艺术感染力，要调动形象、色彩、构图、形式感等因素形成强烈的视觉效果，它的画面应有较强的视觉中心，应力求新颖、单纯，还必须具有独特的艺术风格和设计特点，以其醒目的画面吸引路人的注意。海报的插图和美观的布局通常是吸引眼球的好方法。

（2）海报设计的准则

单纯：形象和色彩必须简单明了（也就是简洁性）。

统一：海报的造型与色彩必须和谐，要具有统一的协调效果。

均衡：整个画面必须要具有视觉均衡效果。

销售重点：海报的构成要素必须化繁为简，尽量挑选重点来表现。

新颖：海报无论在形式上或内容上都要出奇创新，具有强烈的新颖效果。

技能：海报设计需要有高水准的表现技巧，无论绘制或印刷都不可忽视技能性的表现。

（3）海报的表现方法

1）直接展示法

这是一种最常见且应用十分广泛的表现手法。它将某产品或主题直接如实地展示在广告版面上，充分运用摄影或绘画等技巧的写实表现能力。要注意画面上产品的组合和展示角度，应着力突出产品的品牌和产品本身最容易打动人心的部位，运用色彩、光线和背景进行烘托，使产品置身于一个具有感染力的空间，这样才能增强广告画面的视觉冲击力。

2）突出特征法

运用各种方式抓住和强调产品或主题本身与众不同的特征，并把它鲜明地表现出来，将这些特征置于广告画面的主要视觉部位或加以烘托处理，使观众在接触画面的瞬间即很快感受到，对其产生注意和发生视觉兴趣，达到刺激购买欲望的促销目的。

3）对比衬托法

对比是一种趋向于对立冲突的艺术美中最突出的表现手法。它把作品中所描绘事物的性质和特点放在鲜明的对照和直接对比中来表现，借彼显此，互比互衬，从对比所呈现的差别中，达到集中、简洁、曲折变化的表现。通过这种手法更鲜明地强调或提示产品的性能和特点，给消费者以深刻的视觉感受。

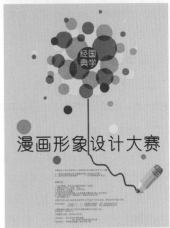

4）合理夸张法

借助想象，对广告作品中所宣传对象的品质或特性的某个方面进行相当明显的夸大，以加深或扩大这些特征的认识。文学家高尔基指出："夸张是创作的基本原则"。通过这种手法能更鲜明地强调或揭示事物的实质，加强作品的艺术效果

5）以小见大法

在广告设计中对立体形象进行强调、取舍、浓缩，以独到的想象抓住一点或一个局部加以集中描写或延伸放大，以更充分地表达主题思想。这种艺术处理以一点观全面，以小见大，从不全到全的表现手法，给设计者带来了很大的灵活性和无限的表现力，同时为接受者提供了广阔的想象空间，获得生动的情趣和丰富的联想。

6）运用联想法

在审美的过程中通过丰富的联想，能突破时空的界限，扩大艺术形象的容量，加深画面的意境。

通过联想，人们在审美对象上看到自己或与自己有关的经验，美感往往显得特别强烈，从而使审美对象与审美者融合为一体，在产生联想的过程中引发了美感共鸣，其感情的强度总是激烈的、丰富的。

7）富于幽默法

幽默法是指广告作品中巧妙地再现喜剧性特征，抓住生活现象中局部性的东西，通过人们的性格、外貌和举止的某些可笑的特征表现出来。

8）借用比喻法

比喻法是指在设计过程中选择两个本质各不相同，而在某些方面又有些相似性的事物，"以此物喻彼物"，比喻的事物与主题没有直接的关系，但是某一点上与主题的某些特征有相似之处，因而可以借题发挥，进行延伸转化，获得"婉转曲达"的艺术效果。

9）以情托物法

艺术的感染力最有直接作用的是感情因素，审美就是主体与美的对象不断交流感情产生共鸣的过程。艺术有传达感情的特征，"感人心者，莫先于情"，这句话已表明了感情因素在艺术创造中的作用，在表现手法上侧重选择具有感情倾向的内容，以美好的感情来烘托主题，真实而生动地反映这种审美感情就能实现以情动人，发挥艺术感染人的力量，这是现代广告设计的文学侧重和美的意境与情趣的追求。

10）悬念安排法

在表现手法上故弄玄虚，布下疑阵，使人对广告画面乍看不解其意，造成一种猜疑和紧张的心理状态，在观众的心理上掀起层层波澜，产生夸张的效果，驱动消费者的好奇心和强烈举动，开启积极的思维联想，引起观众进一步探明广告题意之所在的强烈愿望。

4.2 商业宣传海报

▶ 4.2.1 项目背景

项目	客户	服务内容	时间
商业宣传海报	王府井百货公司	新年海报设计	2009年

▶ 4.2.2 设计构思

（1）提取诉求点

体现2009年牛年公司开门红的喜庆。

（2）分析诉求点

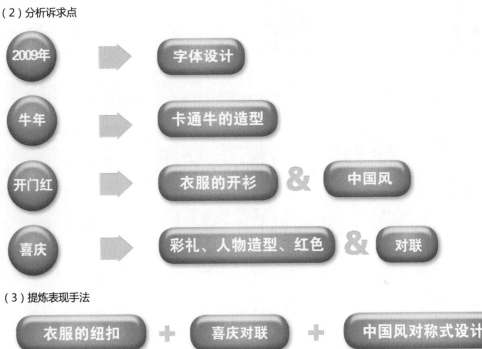

（3）提炼表现手法

设计分析

旗袍开衫式的方式表达开门红的喜庆

　　整个设计采用旗袍开衫式的方式表达开门红的喜庆效果，中国式的对称加上喜庆对联的设计显得很有古韵，卡通造型的小牛也给整个海报带来了朝气。

　　整体色调为红色，显得喜庆美好。

文件路径

素材文件\Chapter4\01\complete\开门红.cdr

▶ 4.2.3 制作方法

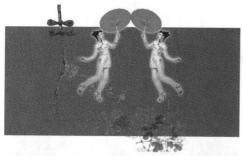

1. 选用合适的素材

● 现在是资源共享的网络时代，有了矢量素材，要学会综合运用，根据主题需要选择矢量元素，按照自己的设计思维进行主观组织。

● 素材的选用很重要，整个设计采用旗袍开衫式的方式表达开门红的喜庆效果，中国式的对称加上喜庆对联的设计显得很有古韵。

● 图形的排版设计也是重要的一部分。整体色调为红色，显得喜庆美好，预示新的一年喜气洋洋。

Step 01 新建文件

❶ 运行CorelDRAW X5，单击工具栏中的"新建"按钮，新建"图形1"。

❷ 再单击属性栏中的"横向"按钮，将页面转换为横向。

Step 02 导入背景素材

❶ 单击菜单栏中的"文件"→"导入"命令，或按<Ctrl+I>快捷键，在弹出的"导入"对话框中选择"素材文件\Chapter4\01\01.jpg"，完成后单击"导入"按钮。

❷ 在属性栏中设置背景素材的大小。

Step 03 导入主体素材

❶ 单击菜单栏中的"文件"→"导入"命令，或按<Ctrl+I>快捷键，在弹出的"导入"对话框中选择"素材文件\Chapter4\01\02.jpg"，完成后单击"导入"按钮。用同样的方法导入其他素材。

❷ 调整主体素材的大小。

Step 04 拼凑主体图形

❶ 选中相应的素材，在工具箱中选择"选择工具" ⬚，拖动图形到相应的位置，设计海报的整体感觉。

❷ 注意等比例调整图形的大小。

Step 05 绘制中间背景

❶ 在工具箱中选择"矩形工具" ⬚，绘制一个矩形。在工具箱中选择"填充工具" ⬚，填充颜色为（C:0,M:5,Y:15,K:0）。

❷ 右击调色板中顶部的无填充按钮 ✕，取消轮廓填充颜色。

❸ 在工具箱中选择"形状工具" ⬚，调整矩形形状，如右图所示。

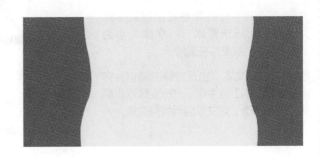

Step 06 复制中国风纽扣

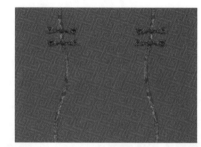

❶ 单击菜单栏中的"文件"→"导入"命令，或按<Ctrl+I>快捷键，在弹出的"导入"对话框中选择"素材文件\Chapter4\01\纽扣.cdr"，完成后单击"导入"按钮。

❷ 选中图形，运用"选择工具" 🔲拖动图形，在释放的同时单击鼠标右键，将图形复制到移动的位置。

❸ 选择复制的图形，单击属性栏中的"水平镜像"按钮🔲，运用"选择工具" 🔲拖动图形，将图形平移到相应位置。再次调整中间背景形状，使其紧贴纽扣位置，如右图所示。

2. 添加文字

● 海报设计中图片和文字都很重要，文字设计给人们更直观的视觉效果。

● "2009己丑年"数字加文字的设计置于海报上方的中心点，也在两把红伞的中间，显得喜庆、大气。

● "王府井百货"文字让人们直观地了解到海报的出处，也为公司做了广告。文字的添加带来了锦上添花的效果。

Step 01 输入文本

❶ 在工具箱中选择"文本工具" 字，在页面中单击，显示输入光标后输入文字"2009"，在属性栏中设置字体为"方正大标宋繁体"，字体大小为"166pt"，效果如右图所示。

❷ 两次单击文本，出现旋转控制点。将光标移至文本上方中点，光标变成双向箭头，向右拖动，对文本应用倾斜变换。

Step 02 填充颜色

选择文本，在工具箱中选择"填充工具" 🖱️，为文本填充颜色，填充色设置为（C:0,M:91,Y:100,K:23）。

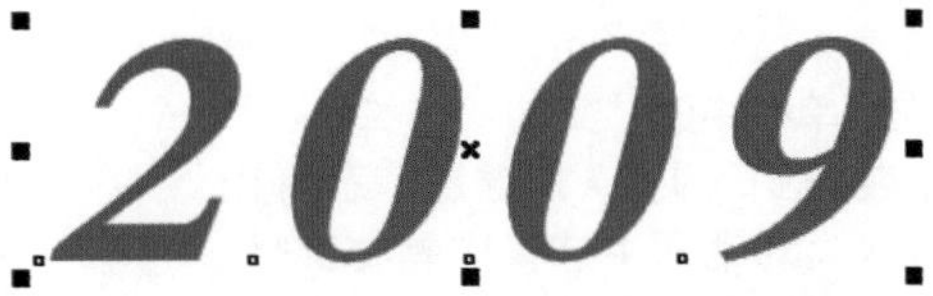

Step 03 绘制矩形

❶ 在工具箱中选择"矩形工具" 🖱️，在文本"2009"上绘制一个矩形。

❷ 选择矩形，单击并右击调色板中的白色色块。

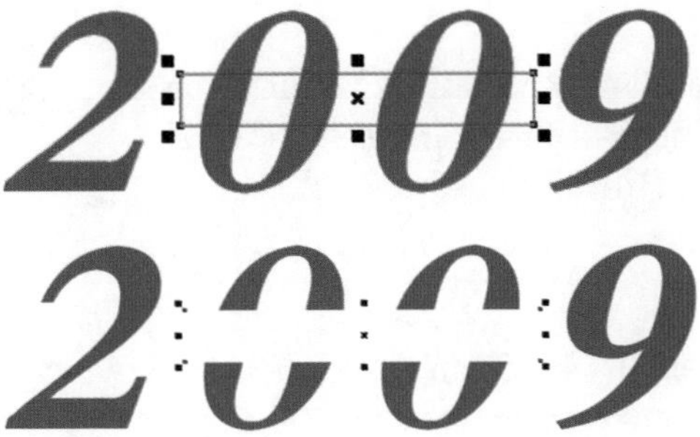

Step 04 添加文字

❶ 在工具箱中选择"文本工具" 字，在页面中单击，显示输入光标后输入文字"贰零零玖 己丑年"，在属性栏中设置字体为"迷你简超圆"，效果如右图所示。

❷ 选择文本，在工具箱中选择"填充工具" 🖱️，为文本填充颜色，填充色设置为（C:0,M:91,Y:100,K:23）。

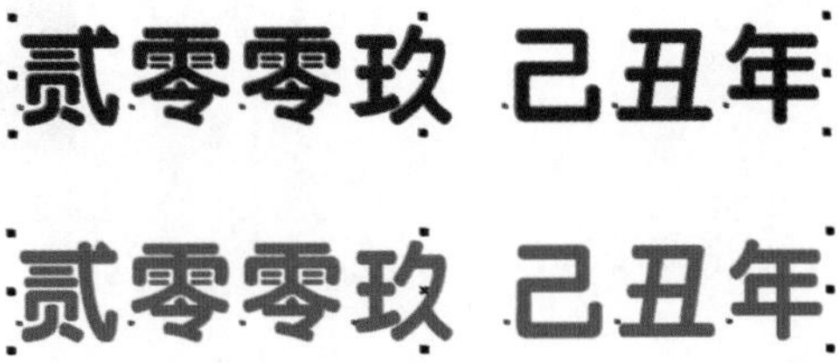

Step 05 群组文本图形

❶ 将文字"贰零零玖 己丑年"移动到相应位置。

❷ 选择所有图形，单击属性栏中的"群组"按钮 🖱️，群组图形。

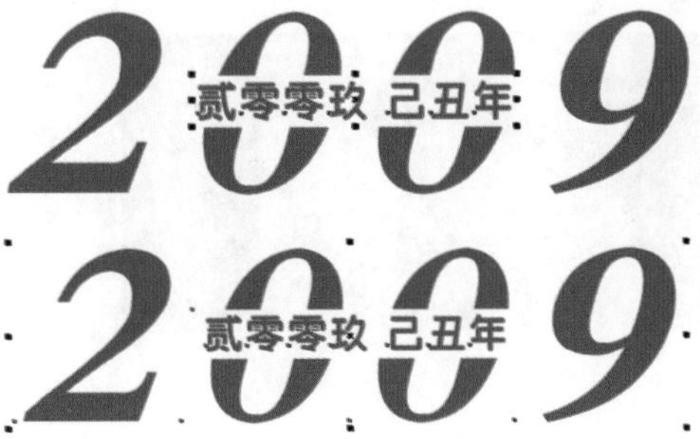

Step 06 继续制作文字

❶ 单击菜单栏中的"文件"→"导入"命令，或按<Ctrl+I>快捷键，在弹出的"导入"对话框中选择"素材文件\Chapter4\01\王府井标志.jpg"，完成后单击"导入"按钮。

❷ 用同样的方法输入文本"王府井百货wangfujing"，在属性栏中设置文本属性。

❸ 将文本与导入的素材调整好位置，选择所有图形，单击属性栏中的"群组"按钮📧，群组图形。

Step 07 将文本放入海报

❶ 在工具箱中选择"选择工具"📉，选择相应的文本，放置到相应的位置。

❷ 选择所有图形，单击属性栏中的"群组"按钮📧，群组图形。

3. 制作对联

● 在这幅海报中，为了突出喜庆的节日气氛，我们为海报的两侧增加一副对联，这样使海报看上去更协调，也符合了中国传统节日的效果，增加欢快喜庆的气氛。

● 对联的制作主要是图形和文本相结合的方式，重点突出一个"牛"字，使整个画面活泼生动起来。

Step 01 绘制矩形

❶ 在工具箱中选择"矩形工具" ▣，绘制一个矩形。然后选择"填充工具" ◈，为矩形填充颜色，填充色设置为（C:0,M:100,Y:100,K:0）。

❷ 右击调色板顶部的无填充按钮 ✕，取消轮廓填充颜色。

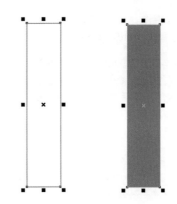

Step 02 绘制牛耳朵

❶ 在工具箱中选择"钢笔工具" ▣，在矩形中间处绘制一个牛耳朵的雏形，然后运用"形状工具" ◈调整形状。

❷ 选择图形，在工具箱中选择"填充工具" ◈，填充色设置为（C:0,M:100,Y:100,K:0）。右击调色板顶部的无填充按钮 ✕，取消轮廓填充颜色。

❸ 复制牛耳朵，单击"水平镜像"按钮 ▣，将复制的牛耳朵移动到相应的位置。选择所有图形，单击属性栏中的"群组"按钮 ▣，群组图形。

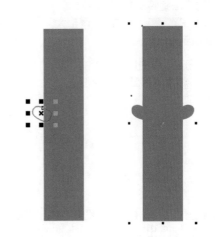

Step 03 添加文本

❶ 在工具箱中选择"文本工具" ▣，输入"HAPPY"，在属性栏中设置字体。

❷ 选择文本，在工具箱中选择"填充工具" ◈，为文本填充颜色，填充色设置为（C:91,M:100,Y:23,K:0）。右击调色板顶部的无填充图标 ✕，取消轮廓填充颜色。

❸ 用同样的方法输入文本"YEAR"，设置字体和填色，取消轮廓填充颜色。

HAPPY
YEAR

Step 04 制作文本

❶ 在工具箱中选择"文本工具"，输入"牛"，在属性栏中设置字体。

❷ 选择文本，右击，在弹出的快捷菜单中选择"转换为曲线"命令，运用"形状工具"塑形。用同样的方法填充颜色，取消轮廓填充颜色，调整大小。

Step 05 组合文本

❶ 双击文本"HAPPY"，出现旋转控制点，将光标移动到右上角的旋转控制点，向右旋转90°。

❷ 用同样的方法旋转文本"YEAR"。分别将"HAPPY"和"YEAR"调整大小，移动到相应的位置。

❸ 选择所有图形，单击属性栏中的"群组"按钮，将文本移动到矩形框上，如右图所示。

怎样变换图形？

运用"选择工具"单击图形，图形四周出现缩放控制点。拖动控制点，可以改变图形大小和比例。双击图形，图形四周出现旋转控制点，拖动控制点可以旋转或倾斜图形。

Step 06 添加彩点

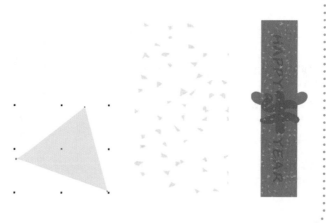

❶ 在工具箱中选择"手绘工具"→"钢笔"，绘制不规则小图形。在工具箱中选择"填充工具"，为图形填充颜色，填充色设置为（C:4,M:0,Y:48,K:0）。右击调色板顶部的无填充图标，取消轮廓填充颜色。

❷ 复制多个小图形，调整大小，进行旋转，并进行群组后移到对联上，如右图所示。

Step 07 将对联放入海报

❶ 在工具箱中选择"选择工具" [图]，将对联放置到海报的相应位置。

❷ 选中对联，运用"选择工具" [图] 拖动图形，在释放的同时单击鼠标右键，将图形复制到移动的位置，放置到海报的相应位置，如右图所示。

4. 添加小牛

● 在对联的下方添加卡通小牛，增添海报活力，也凸显了牛年的特征。

Step 01 导入小牛素材

❶ 单击菜单栏中的"文件" → "导入"命令，或按<Ctrl+I>快捷键，在弹出的"导入"对话框中选择"素材文件\Chapter4\01\小牛.cdr"，完成后单击"导入"按钮。

❷ 调整小牛素材的大小。

Step 02 将小牛放入海报

❶ 在工具箱中选择"选择工具" [图]，将小牛放置到海报的相应位置。

❷ 选中小牛，运用"选择工具" [图] 拖动图形，在释放的同时单击鼠标右键，将图形复制到移动的位置，放置到海报的相应位置，如右图所示。

4.3 文化宣传海报

▶ **4.3.1 项目背景**

项目	客户	服务内容	时间
"我爱我家"海报设计	成都市教委	海报设计	2009年

成都市教委发起以"我爱我家"为主题的活动，要求在全市各大中小学中开展倡导爱家的活动，要求同学们努力做好家庭的一分子，通过自己动手来营造温馨舒适的家庭环境。本次活动还可以通过文章、摄影、绘画来表现。

▶ **4.3.2 设计构思**

（1）提取诉求点

体现家庭和睦温馨的气氛，突出活动主题。

（2）分析诉求点

简洁 ➡ 白色大背景 & 灰色的对比图形为主题内容

品质 ➡ 采用不规则的几何图形连接而成的桃心形状

主题 ➡ 横排和竖排的简单排列方式

（3）提炼表现手法

简洁的背景 + 贴近主题的虚实对比 + 文字的排列

设计分析 以"家"为主题的设计方式

　　该海报设计的主题是"爱家"，在整体风格上较为简洁、大气。以黑白为主的大色调，围绕着"家"这个字。在核心内容的处理上，将"家"字叠放在心形图形上，交织的连线象征着家庭成员不可分割、血浓于水的关系，很好地渲染了主题。

文件路径 素材文件\Chapter4\02\complete\文化宣传海报.cdr

▶ 4.3.3 制作方法

1. 制作主体背景

● 在主体背景的制作中采用环状的灰色图形水墨效果。

● 再在图形上叠加"家"字，使主体内容更加明确。

Step 01 新建文件

❶ 运行CorelDRAW X5，单击工具栏中的"新建"按钮🗋，新建"图形1"。

❷ 单击属性栏中的"横向"按钮▭，将页面转换为横向。

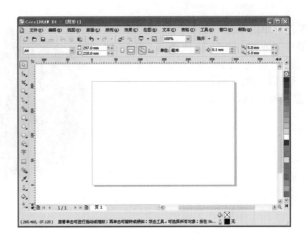

Step 02 绘制矩形

❶ 在工具箱中选择"矩形工具"▭，绘制一个矩形，大小为50cm*100cm。

❷ 单击调色板顶部的无填充图标✕。

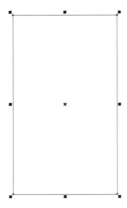

Step 03 设置轮廓笔

❶ 选中矩形，按<F12>键，在弹出的"轮廓笔"对话框中设置如右图所示的参数。完成后单击"确定"按钮，效果如图所示。

❷ 右击调色板中的"60%黑"色块，设置矩形轮廓颜色。

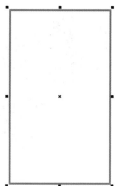

Step 04 导入素材

单击菜单栏中的"文件"→"导入"命令，或按<Ctrl+I>快捷键，在弹出的"导入"对话框中选择"素材文件\Chapter4\02\01_02.cdr"，完成后单击"导入"按钮。

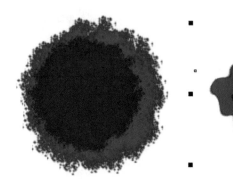

Step 05 调整素材

❶ 选中导入的素材图片，调整其大小。

❷ 调整素材图片的位置。

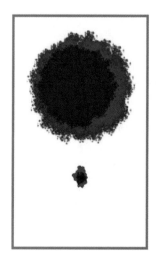

Step 06 输入文本

❶ 在工具箱中选择"文本工具" 字，输入文字"家"，在属性栏中设置字体为"隶书[宋体]"，效果如右图所示。

❷ 调整文字的大小，并移动到相应的位置。

2. 绘制网状

● 该部分的创意主要是用心形为主体，突出爱心的气氛，在心形周围连接不规则几何图形，使整个图形更有设计感，丰富而不单调。

Step 01 绘制心形

❶ 在工具箱选择"基本形状工具" 图，单击属性栏中的"完美形状"下拉按钮 □，如右图所示，选择心形。

❷ 在文本上绘制一个心形，右击调色板中的红色色块，为心形填充轮廓颜色。

Step 02 编织网状

❶ 在工具箱中选择"手绘工具"〜→"钢笔"▯，绘制网状线条，注意网状线条与心形的关系。

❷ 右击调色板中的红色色块，为线条填充红色。

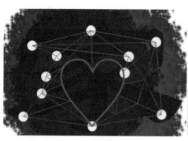

3. 制作网点

● 除了线性的几何图案，在每个节点间添加圆形网点，使图形看起来更加协调。

Step 01 绘制正圆

❶ 在工具箱选择"椭圆形工具"▢，按住<Ctrl>键，绘制一个正圆。

❷ 单击和右击调色板中的白色色块，填充正圆颜色和轮廓颜色。

Step 02 复制正圆

❶ 选中正圆，运用"选择工具"▨拖动正圆，在释放的同时单击鼠标右键，将正圆复制到移动的位置。

❷ 注意正圆与网状线条的关系，以及正圆与文本"家"的关系。

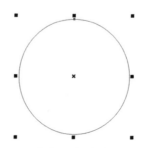

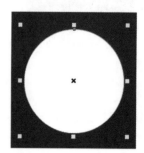

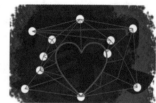

4. 添加文字

● 该海报的文字设计较为简洁,主要采用横排和竖排两种方式。

● 在中央主题的下方放置两行文字,作为这次活动的主要宣传文字。

● 在最下方添加竖排文字,使整个画面更协调,具有变化的层次感。

Step 01 输入文本

❶ 在工具箱中选择"文本工具"字,在属性栏中设置文本参数。

❷ 在页面上单击,显示输入光标后输入文字。完成后单击调色板中的红色色块,填充文字为红色。

是心中编织的
最柔软的牵挂

是心中编织的
最柔软的牵挂

Step 02 调整文本

在工具箱中选择"选择工具",选中文字,对其大小进行调整,并移动到相应位置,效果如右图所示。

Step 03 添加其他文本

❶ 在工具箱中选择"文本工具" 字，
用同样的方法添加其他文本。

❷ 调整文字大小及位置，最终效果如
右图所示。

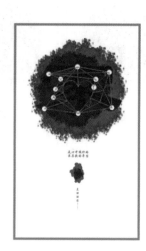

4.4 推广宣传海报

▶ 4.4.1 项目背景

项目	客户	服务内容	时间
推广宣传海报	空间艺术设计工作室	形象推广	2010年

空间艺术设计工作室成立于2009年，立足于川师美术学院，致力于舞台美术设计、化妆、摄影等，是经验丰富、创意独到、自信尽职、团结协作的设计机构。

▶ 4.4.2 设计构思

（1）提取诉求点

根据对企业背景的了解，海报需要传达的信息主要集中在"简洁、大气、艺术性和专业性"这三点上。

（2）分析诉求点

（3）提炼表现手法

色彩的搭配 ✚ **几何形状的不规则组合** ✚ **文字的排放**

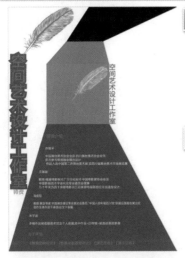

设计分析

以不规则的几何形状组合为大背景

在整个文化宣传海报中，背景用几个大的几何形状排列组合而成，并搭配以不同颜色，以灰色、深灰色、黑色为主，中间穿插蓝色的正方形，使整个图像活泼、形式新颖。文字的设计上，除了左侧的宣传文字采用竖排方式，图形内的文字采用和结构相结合的方式进行排列，呈独特的梯形。整个设计简洁大气，有艺术创意。

文件路径

素材文件\Chapter4\03\complete\宣传海报.cdr

▶ **4.4.3 制作方法**

1. 制作主体背景

● 主体图形以图形块连接而成。
● 其中以梯形、正方形为主。梯形采用变形的方式，与正方形结合。

Step 01 新建文件

❶ 运行CorelDRAW X5，单击工具栏中的"新建"按钮，新建"图形1"。

❷ 单击属性栏中的"横向"按钮，将页面转换为横向。

Step 02 绘制外框

在工具箱中选择"矩形工具" 回，在页面中绘制一个矩形框。

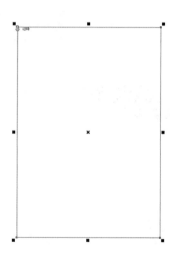

Step 03 绘制矩形1

在工具箱中选择"矩形工具" 回，绘制一个矩形。

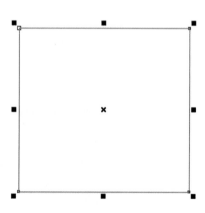

Step 04 填充颜色

在工具箱中选择"选择工具" 回，选中矩形，单击调色板中的青色色块，为矩形填充青色。右击调色板顶部的无填充按钮 ⊠，取消轮廓填充颜色。

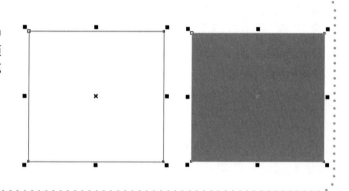

Step 05 绘制矩形2

❶ 在工具箱中选择"矩形工具" 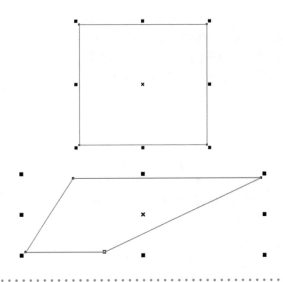，绘制一个矩形。

❷ 选中矩形，按<Ctrl+Q>快捷键，转换为曲线，在工具箱中选择"形状工具"，调整矩形形状。

Step 06 填充颜色

选择工具箱中的"选择工具"，选中矩形，单击调色板中的黑色色块，为矩形填充黑色。右击调色板顶部的无填充按钮✕，取消轮廓填充颜色。

Step 07 绘制矩形3

❶ 在工具箱中选择"矩形工具"，绘制一个矩形。

❷ 选中矩形，按<Ctrl+Q>快捷键，转换为曲线。在工具箱中选择"形状工具"，调整矩形形状。

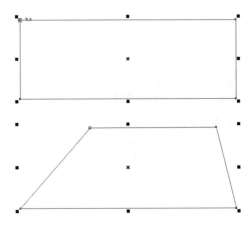

Step 08 填充颜色

选择工具箱中的"选择工具" ，选中矩形，单击调色板中的"50%黑"色块，为矩形填充颜色。右击调色板顶部的无填充按钮 ✕，取消轮廓填充颜色。

Step 09 绘制矩形4

❶ 在工具箱中选择"矩形工具" □，绘制一个矩形。

❷ 选中矩形，按<Ctrl+Q>快捷键，转换为曲线。在工具箱中选择"形状工具" ，调整矩形形状。

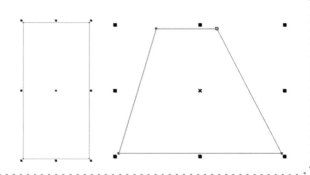

Step 10 填充颜色

在工具箱中选择"选择工具" ，选中矩形，单击调色板中的"70%黑"色块，为矩形填充颜色。右击调色板顶部的无填充按钮 ✕，取消轮廓填充颜色。

Step 11 组合绘制的图形

❶ 在工具箱中选择"选择工具" ，选中所需图形，调整到相应的位置。

❷ 注意每个矩形之间的连接。在工具箱中选择"选择工具" 和"形状工具" ，进行细微调整，效果如右图所示。

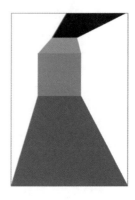

空间艺术设计工作室

空间艺术设计工作室

空间艺术设计工作室

2. 制作文字

● 在海报中，文字部分也是十分重要的。除了背景图案，文字能起到更好的宣传表达海报主旨的作用。

● 该海报中的文字设计较简洁，主要在色彩和排列方式上有较大的变化。

Step 01 输入文本

在工具箱中选择"文本工具"字，在属性栏中单击"将文字改为垂直方向"按钮▥，设置字体为黑体。在页面中单击，显示输入光标后输入"空间艺术设计工作室"。

空间艺术设计工作室

空间艺术

Step 02 填充颜色

❶ 在工具箱中选择"选择工具"▧，选中文本，单击调色板中的天蓝色色块，为文本填充天蓝色。

❷ 右击调色板顶部的无填充按钮✕，取消轮廓填充颜色。

空间艺术设计工作室

空间艺术

Step 03 绘制轮廓图

❶ 在工具箱中选择"选择工具" ⬚，选中文本，在工具箱中选择"调和工具" ⬚→"轮廓图" ⬚，在属性栏中设置属性。

❷ 在属性栏中设置轮廓图的填充颜色。

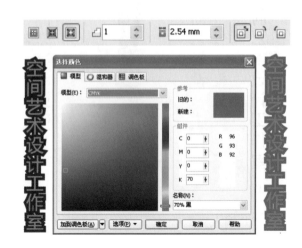

Step 04 将文本放入相应位置

在工具箱中选择"选择工具" ⬚，拖动文本至相应的位置，效果如右图所示。

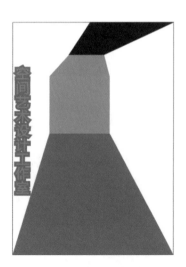

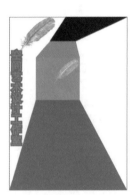

3. 添加羽毛

● 有了背景图案和文字等内容，在海报中添加一些装饰效果也能起到画龙点睛的作用。

Step 01 导入素材

单击菜单栏中的"文件"→"导入"命
令，或按<Ctrl+I>快捷键，在弹出的
"导入"对话框中选择本书"素材文件\
Chapter4\03\羽毛.cdr"，完成后单击
"导入"按钮。

Step 02 复制羽毛

选中羽毛，在工具箱中选择"选择工
具" ，拖动图形，在释放的同时单击
鼠标右键，将图形复制到移动的位置。

Step 03 改变羽毛颜色

在工具箱中选择"选择工具" ，选
中复制的羽毛，单击调色板中的"20%
黑"色块，为羽毛填充颜色。

Step 04 继续复制羽毛

❶ 选中灰色羽毛，在工具箱中选择"选择工具" ⟲ ，拖动图形，在释放的同时单击鼠标右键，将图形复制到移动的位置。

❷ 选中羽毛，单击属性栏中的"垂直镜像"按钮 ⬚ ，复制羽毛。

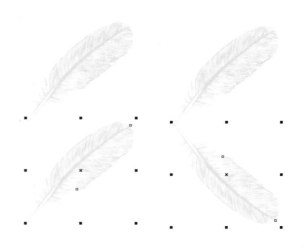

Step 05 改变羽毛颜色

❶ 在工具箱中选择"选择工具" ⟲ ，选中下面的羽毛，单击调色板中的"30%黑"色块，为羽毛填充颜色。

❷ 选中羽毛，放置到相应的位置，效果如右图所示。

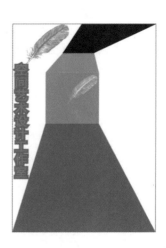

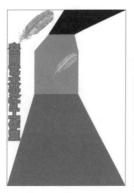

4. 添加文字

● 添加海报中的宣传文字，主要将文字添加到下面的梯形图形中。

● 文字的走向与图形一致并呈梯形。颜色上以白色为主，标题和结尾部分用对比更强烈的蓝色代替。

Step 01 输入文本

❶ 在工具箱中选择"文本工具"字，在属性栏中设置字体为"黑体"。

❷ 在页面上单击，显示输入光标后输入"空间艺术设计工作室"。完成后单击调色板中的"70%黑"色块，为文本填充颜色。

Step 02 添加其他文本

按同样的方法添加其他文本，调整文本的大小、颜色、位置，效果如右图所示。

▶ 4.4.4 系列海报欣赏

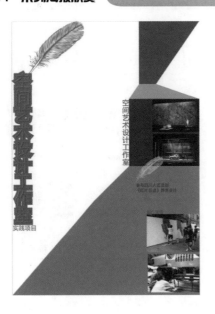

4.5 企业招商类海报广告

设计分析 这是一个系列广告当中的一幅作品，第一幅是拉链刚刚拉开，到最后一幅是拉链即将拉到尽头，在拉链后面所展现的是即将迎来的全新面貌。

文件路径 素材文件\chapter 4\04\complete\企业招商类海报广告.cdr

▶ 4.5.1 制作方法

1. 制作背景

● 在制作广告背景的时候，运用到了拉链元素，寓意着拉链缓缓拉开的是一场值得期待的精彩盛宴。
● 在制作上主要运用到的知识点是图框精确剪裁工具，需要反复练习。

Step 01 新建文件

❶ 运行CorelDRAW X5，单击工具栏中的"新建"按钮，新建"图形1"。

❷ 单击属性栏中的"横向"按钮，将页面转换为横向。

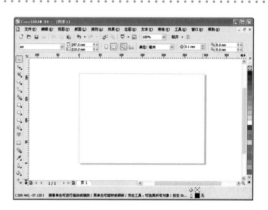

Step 02 绘制背景

❶ 在工具箱中选择"矩形工具"，绘制一个矩形。

❷ 在工具箱中选择"填充工具" →"渐变填充"，在弹出的"渐变填充"对话框中设置参数。

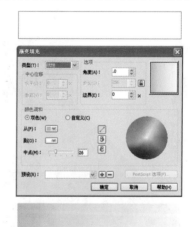

Step 03 制作拉链

❶ 在工具箱中选择"钢笔工具" 🖊 ，参照图示绘制出图形。

❷ 单击调色板中的"40%黑"色块，填充图形，再右击调色板顶部的无填充按钮⊠，去掉边框。

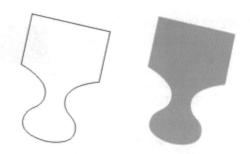

Step 04 制作完整的拉链

❶ 选中图形，按小键盘中的< + >键，将图形复制，对照图示将拉链制作完成。

❷ 制作下排拉链的时候，选中图形，再单击属性栏上的"垂直镜像"按钮🔁，将图形垂直翻转，再复制图形并排列。

❸ 在工具箱中选择"矩形工具" 🔲 ，绘制一个矩形，并填充为黑色，按<Ctrl+End>快捷键，将矩形放置到页后面，对照图形与拉链重合在一起。

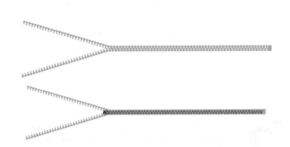

Step 05 制作裁剪的素材

❶ 在工具箱中选择"手绘工具" 📷 → "钢笔" 🖊 ，参照图示绘制出图形并填充为黑色。

❷ 按<Ctrl+I>快捷键，在弹出的"导入"对话框中选择"素材文件\chapter 4\04\美女和光.jpg"，单击"导入"按钮。将导入的图片适当调整大小后按照图示重合在一起。

❸ 在工具箱中选择"矩形工具" 🔲 ，绘制一个矩形，并与导入的图片放置在一起，如右图所示。注意矩形要遮挡住人像右上角的水印。

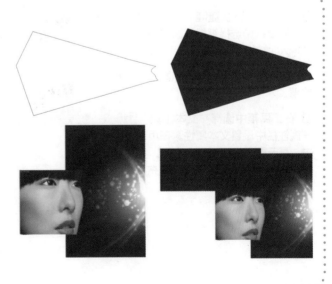

Step 06 将素材精确剪裁到图形中

❶ 选中整个素材图形，单击菜单栏中的"效果"→"图框精确剪裁"→"放置在容器中"命令。

❷ 这时光标会变为箭头形状，单击刚才绘制的图形，将图形放置进去。

❸ 右击图形，在弹出的快捷菜单中选择"编辑图形"命令，调整素材在容器中的位置，完成后右击图形，在弹出的快捷菜单中选择"结束编辑"命令。

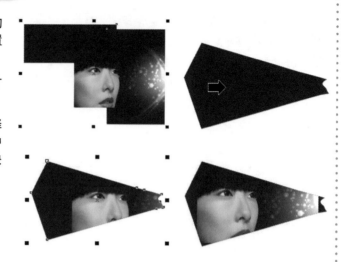

2. 制作修饰细节与添加文字

● 修饰细节可以通过导入素材图片然后进行排列而成。

● 文字的添加依据实际情况来进行，文字部分这里不做详细讲解。

导入素材

❶ 按<Ctrl+I>快捷键，在弹出的"导入"对话框中选择蝴蝶位图文件，单击"导入"按钮。

❷ 选择导入的图片，对照图示调整位置。

❸ 在工具箱中选择"文本工具" 字，在属性栏中设置文本属性。在页面上单击，显示输入光标后输入文字。完成后单击调色板中的黑色色块，填充文字为黑色。

▶ **4.5.2 优秀案例欣赏**

效果图

实景照片

效果图

实景照片

效果图

实景照片

效果图

实景照片

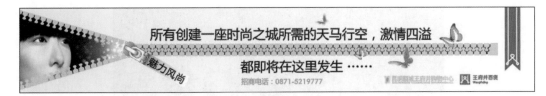

效果图

▶ 4.5.3 优秀海报欣赏

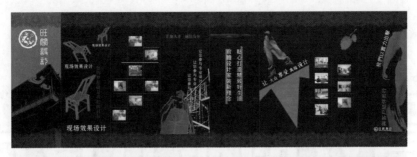

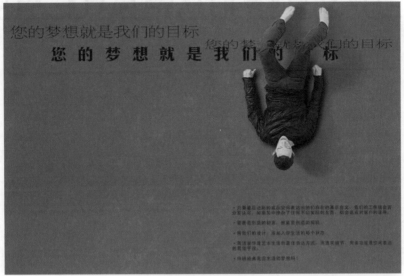

Chapter 05

报纸广告——高效的版式设计

报纸广告（newspaper advertising）是指刊登在报纸上的广告。报纸是一种印刷媒介（print-medium），它的特点是发行频率高、发行量大、信息传递快，因此报纸对广告信息的广泛传播十分有效。

5.1　什么是报纸广告

（1）报纸广告概述

报纸广告以文字和图画为主要视觉对象，可以反复阅读，便于保存，不同于其他广告媒介，如电视广告等受到时间的限制。受到报纸纸质及印制工艺条件的限制，报纸广告中的商品外观形象和款式、色彩等不能理想地反映出来。

（2）报纸广告的优点

- 覆盖面广，发行量大。
- 读者广泛而稳定。
- 具有特殊的版面空间。
- 阅读方式灵活，易于保存。
- 选择性强，时效性强，文字表现力强。
- 传播范围广。
- 传播速度快。
- 传播信息详尽。
- 行业选择灵活。
- 费用相对较低。

（3）报纸广告的各种版面

1）报花广告

报花广告版面很小，形式特殊，不具备广阔的创意空间。文案只能做重点式表现，突出品牌或企业名称、电话、地址及企业赞助等内容，不体现文案结构的全部，一般采用一种陈述性的表述。

2）报眼广告

报眼，即横排版报纸报头一侧的版面。版面面积不大，但位置十分显著、重要，引人注目。如果是新闻版，多用来刊登简短而重要的消息或内容提要。这个位置用来刊登广告，显然比其他版面广告的注意值要高，并会自然地体现出权威性、新闻性、时效性与可信度。

3）半通栏广告

这种广告一般分为大小两类：约50mm*350mm或325mm*235mm。由于这类广告版面较小，而且众多广告排列在一起，互相干扰，广告效果容易互相削弱。因此，需要特别注意如何使广告做得超凡脱俗，新颖独特，使之从众多广告中脱颖而出，跳入读者视线。

4）单通栏广告

单通栏广告也有两种类型：约100mm*350mm或65mm*235mm，是广告中最常见的版面，符合人们的正常视觉，因此版面自身有一定的说服力。

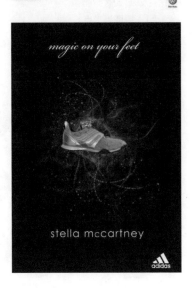

5）双通栏广告

双通栏广告一般有约200mm*350mm和130mm*235mm两种类型。在版面面积上，它是单通栏广告的2倍。凡适于报纸广告的结构类型、表现形式和语言风格的广告内容都可以在这里运用。

6）半版广告

半版广告一般有约250mm*350mm和170mm*235mm两种类型。半版、整版和跨版广告，均被称之为大版面广告。广告的信息量大，内容具备更多的创意空间，气势宏大，亦是广告主雄厚经济实力的体现。

7）整版广告

整版广告一般可分为500mm*350mm和340mm*235mm两种类型，是我国单版广告中最大的版面，给人以视野开阔、气势恢宏的感觉。

8）跨版广告

跨版广告即一个广告作品刊登在两个或两个以上的报纸版面上。一般有整版跨版、半版跨版、1/4版跨版等几种形式。跨版广告很能体现企业的大气魄、厚基础和经济实力，是大企业所乐于采用的。

5.2 房地产报纸广告

▶ 5.2.1 项目背景

项目	客户	服务内容	时间
购物中心报纸广告	昆明购物中心	报纸广告	2009.5

▶ 5.2.2 设计构思

（1）提取诉求点

根据对企业背景的了解，报纸需要传达的信息主要集中在"大气、古典、品质"这三点上。

（2）分析诉求点

（3）提炼表现手法

设计分析　**抓住企业核心理念**

　　该广告在制作方法上并没有太大的难度，它的独特之处在于背景素材的选取，颜色搭配非常有质感，显得庄重而大气，稍加点缀，便是一幅极为出色的房地产报纸广告。

文件路径　素材文件\Chapter5\01\complete\房地产报纸广告.cdr

▶ 5.2.3　制作方法

1. 制作步骤

● 导入底层图片，稍加修饰，最后导入主体图片和文字，其中主要突出主体图片，修饰不可太过繁杂。本案例制作步骤简单，读者以后再制作类似的案例时，一定要注意素材图片的选取，素材图片的好坏直接决定作品的成败。

Step 01 新建文件

❶ 运行CorelDRAW X5，单击工具栏中的"新建"按钮，新建"图形1"。

❷ 单击属性栏中的"横向"按钮，将页面转换为横向。

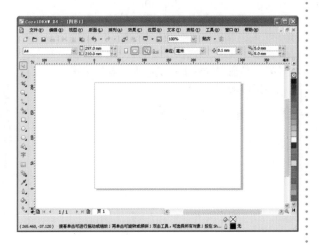

Step 02 导入图片

❶ 按<Ctrl+I>快捷键，在弹出的"导入"
对话框中选择位图文件（图片为揉搓后的牛
皮纸，铺展开扫描为jpg图片），单击"导
入"按钮。

❷ 在工具箱中选择"矩形工具" ⬚ ，绘制
矩形1，尺寸为900mm*600mm，单击调色
板中的黑色色块，填充矩形。

❸ 把新建矩形放在位图上面，如右图所示。

Step 03 在位图四周绘制矩形边框

❶ 在工具箱中选择"矩形工具" ⬚ ，绘制
矩形2，尺寸为6mm*600mm，如右图所
示。单击调色板中的"20%黑"色块，填充
矩形，右击调色栏顶部的无填充按钮☒ ，
去掉边框。

❷ 在工具箱中选择"矩形工具" ⬚ ，绘制
矩形3，尺寸为2mm*600mm，如右图所
示，单击调色板中的"40%黑"色块，填充
矩形，右击调色栏顶部的无填充按钮☒ ，去
掉边框。将矩形3放在矩形2的1/3处，复制
矩形3，单击属性栏上的"水平镜像"按钮
⬚ ，将图形水平翻转。

❸ 按照同样的方法，制作矩形4。

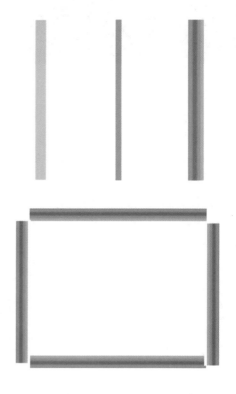

Step 04 导入图形

❶ 按<Ctrl+I>快捷键，在弹出的"导入"对话框中选择"素材文件\chapter 5\01\建筑效果图.jpg"，单击"导入"按钮。

❷ 单击菜单栏中的"效果"→"图框精确剪裁"→"放置在容器中"命令，光标变成箭头形状，单击矩形1，放置其中。

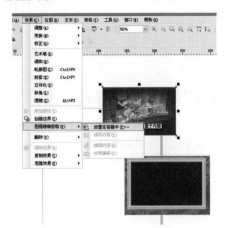 

2. 完成效果

导入矢量图形

❶ 按<Ctrl+I>快捷键，在弹出的"导入"对话框中选择"素材文件\chapter 5\01\装饰花纹.cdr"，单击"导入"按钮，调整其大小，放置在画面左上角。

❷ 添加文字，与装饰花纹颜色一致。导入标志，报纸广告制作完成。

▶ 5.2.4 客户为什么满意

初学者： 设计师，您好！您前面提到报纸广告的优点，那么报纸广告的缺点有哪些？

设计师： 报纸广告所存在的缺点具体表现为：信息传达的有效时间短；阅读注意度低；印刷不够精致；使用寿命短；感染力差。

初学者： 怎样来克服这些缺点，使报纸广告的优点最大限度地发挥出来呢？

设计师： 这就需要设计师在最初设计广告的时候注意表达方式，用生动、形象的比喻或者载体传达晦涩的概念及广告诉求点。这一点在报纸广告中尤其重要，决定了产品的传播范围和记忆度。

初学者： 报纸广告与广告DM单有什么区别呢？

设计师： 报纸广告的目标群体定位于本地社区，其内容主要涉及免费分类信息服务，覆盖生活的各个领域，如房屋租售、餐饮娱乐、招聘求职、二手买卖、汽车租售、宠物、票务、消费购物等多种生活信息，帮助人们解决生活和工作中所遇到的难题，内容强调本地化、商务、便民等特色。相对于报纸广告来说，DM单所表达的商业性与推销性更加强烈。而且有报纸作为广告的载体，报纸广告更容易为大众所接受，成本更低。

▶ 5.2.5 版面大小介绍

现在报纸广告竞争激烈，大都采取不同的印刷用纸，质地和尺寸多有不同，具体的尺寸一定要以媒体的刊登尺寸为准，整版就是一个版，半版、1/3版、1/4版以此类推，都以整版的面积为基数乘以相应比例；跨版就是占据左右两版；跨半版就是同时占据左右两版的上半部分或下半部分；报花就是在版面中的小块，位置不固定；报眼在报纸的最上部分，一般是刊头位置；中缝就是报纸对折的中间位置。

5.3 商场报纸广告

▶ 5.3.1 项目背景

项目	客户	服务内容	时间
商场促销报纸广告	王府井集团	促销报纸广告设计	2009.9

王府井百货公司是国内专注于百货业态发展的最大零售集团之一，本案例主要针对王府井百货女装部的促销活动，主要针对女性消费群体。

▶ 5.3.2 设计构思

（1）提取诉求点

根据对企业背景的了解，标志需要传达的信息主要集中在"华丽、绚烂、宣传"这三点上。

（2）分析诉求点

华丽	➡	整体色调	&	颜色的渐变和叠加
		大红色和黄色的渐变		大红色和黄色的叠加
绚烂	➡	女性化	&	女性人物和装饰花束的添加
宣传	➡	文字的添加和排列	&	突出打折信息

（3）提炼表现手法

绚丽的色调	✚	装饰图案的添加	✚	文字的排列

设计分析 **抓住主要消费群体**

该广告主要针对的是女性消费群体，所以在素材图片的选取上要注意色彩倾向。

文件路径 素材文件\Chapter5\02\complete\商场报纸广告.cdr

▶ 5.3.3 制作方法

1. 制作背景

● 背景以裙摆飘扬的女性形象为主体，搭配以粉红梦幻的花朵装饰，尽显女性气息。
● 颜色比较亮丽，带有浓厚的女性气息，与该广告主题相符合。

Step 01 新建文件

运行CorelDRAW X5，单击工具栏中的"新建"按钮，新建"图形1"。

Step 02 导入图片

❶ 按<Ctrl+I>快捷键，在弹出的"导入"对话框中选择"裙摆飘扬"位图文件，单击"导入"按钮。

❷ 导入花瓣矢量图形。

Step 03 导入标志

❶ 按<Ctrl+I>快捷键，导入标志。

❷ 将导入的花瓣矢量图形和标志如右图所示调整大小和位置。

2. 制作装饰素材

● 本素材无论从文字上还是色彩上，都与该广告的主题相符合。在文字的制作上，将文字转换为曲线后，使用形状工具将文字形状稍加改变。

Step 01 制作文字

❶ 在工具箱中选择"文本工具"字，在属性栏中设置文本属性。在页面上单击，显示输入光标后输入文字。按<Ctrl+Q>快捷键，将文字转换为曲线。

❷ 在工具箱中选择"形状工具"，如右图所示修正文字形状，填充图形为粉红色。

Step 02 调整文字

❶ 选中文字，按小键盘中的<+>键两次，复制两个图形。

2.5 mm

❷ 选中复制图形1，在属性栏中设置外框属性，外框与文字图形均填充为白色。按照同样的方法，将其他图形外框属性设置为比之前稍大，外框与文字均填充为紫色。最后将3个文字图形叠加组合到一起，并添加英文文字。

3. 制作翅膀透明效果及装饰

● 翅膀的透明效果由透明度工具来实现，注意在绘制轮廓时掌握每瓣羽毛在整体当中的比例关系。

Step 01 绘制图形轮廓

❶ 在工具箱中选择"手绘工具" → "钢笔" 。

❷ 利用钢笔工具绘制出图形轮廓，如右图所示。完成后按小键盘中的<＋>键复制图形。由于是对称图形，我们只需制作出图形的一半，再复制翻转图形即可。

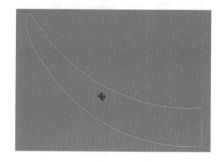

Step 02 设置透明属性

选中图形1，填充白色。在工具箱中选择"调和工具" → "透明度" ，在属性栏中设置"透明度类型"为"线性"，再设置其他参数。

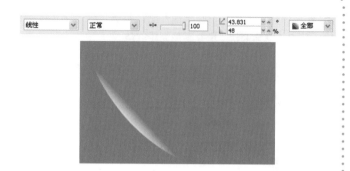

Step 03 绘制透明渐变效果

❶ 选中刚才复制的图形轮廓，填充白色。

❷ 在工具箱中选择"调和工具" → "透明度" ，在属性栏中设置交互式透明参数。

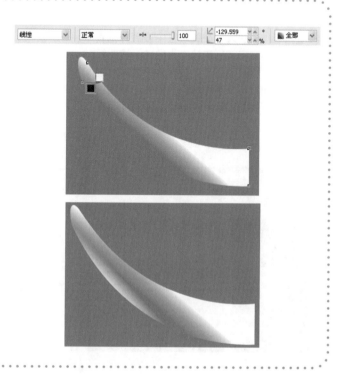

Step 04 绘制图形轮廓

❶ 在工具箱中选择"手绘工具" 🖊→
"钢笔" 🖋，绘制出图形轮廓。

❷ 选中图形，按小键盘中的 < + > 键
两次，复制两个图形。

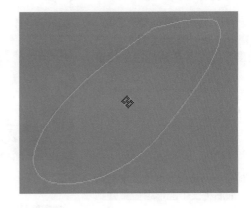

Step 05 设置透明属性

❶ 选中图形，填充白色，在工具
箱中选择"调和工具" 🖌→"透明
度" 🔲。

❷ 在属性栏中设置交互式透明属性。

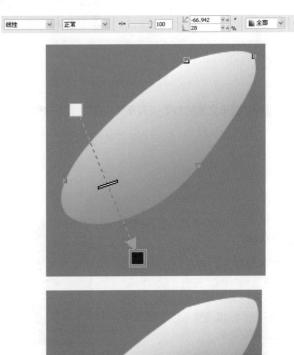

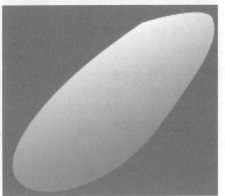

Step 06 完成一片羽毛

❶ 选中一个刚才复制的图形，填充白色。在工具箱中选择"调和工具"→"透明度"，并在属性栏中设置参数。

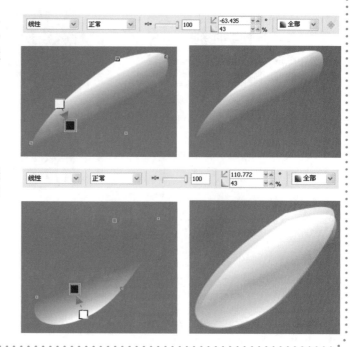

❷ 运用同样的方法设置其他图形的透明参数，最后将三个图形组合重叠到一起。

注意

重叠的过程中图形之间的位置稍有变化，使翅膀更富有层次感。

Step 07 组合翅膀图案

❶ 按照同样的方法将单边翅膀的其他部分制作完整。

❷ 绘制装饰图案。在工具箱中选择"椭圆形工具"，按住<Shift>键绘制出一系列大小不一的正圆形，通过填充不同颜色和调整不透明度来体现丰富的装饰效果。

❸ 选中图形并按小键盘中的< + >键，复制翅膀与装饰图案。选中复制的图形，再单击属性栏上的"水平镜像"按钮，将图形水平翻转，然后与原图形组合到一起。

Step 08 完成翅膀效果图

将前面制作的文字添加到翅膀上，翅膀部分就制作完成了。

Step 09 完成效果图

❶ 对照图示，将制作完成的翅膀装饰放置到合适的位置。

❷ 按<Ctrl+I>快捷键，导入文字素材，并调整位置，完成该广告制作。

▶ 5.3.4 客户为什么满意

初学者： 设计师，您好！商场广告具有哪些特点呢？

设计师： 商场广告具有更强的目的性，设计师进行广告策划时，应首先明确广告活动应达到什么样的目的。是为了扩大影响，提高知名度，创建名牌企业，追求社会效益？还是为了配合营销策略，抢占市场或促进产品销售，追求经济效益？一般来说，整体广告策划是以追求经济效益和社会效益相统一为目标的，目标越明确，行为越坚定。目标的明确性，是保证广告策划顺利进行的关键所在。广告策划者的策划行为受广告策划目标的制约，是为实现广告策划目标而进行的。

▶ 5.3.5 报纸广告的媒介特征

（1）报导性：报纸上所刊载的消息，具有说服性、记录性以及强烈的说服力。一般而言，电子媒介富有娱乐性，报纸媒介富有报导性。针对新产品发售，报纸广告具备详细的产品说明功能和推广效应。作为告知一般大众有关生活必需品的广告，报纸广告的信息量也十分丰富，因此对于新产品发售和日常生活类广告，报纸也是最适当的媒介。同时无论是市场调查、购买动机调查或对最后购买决定权问题等调研式广告，报纸广告都可以作为调查的媒介。

（2）信赖性：报纸有其独立的诉求立场以及独特的表达色彩和背景，其社会的信赖程度可从读者层的支持与否而定。报纸广告在今日之所以获得高度的信赖，对报纸媒介本身评价上所负的信赖性至关重要。所以设计人员一方面要重视广告道德，在制作态度上更应慎重。报纸的信赖性和劝服性是一个很大的原动力，在实际设计报纸广告时，需要特别的创意和持续的耐力。例如对标题及内文的处理，在报纸广告表现上是一个有效的方法，这不仅攸关"告知"或"劝服"效果，文案内容和字体处理的好坏直接影响广告视觉传递效果，更扩及对消费者告知、教育的问题。

（3）即时性：在印刷媒介功能中，报纸和其他媒介根本上的不同就是具有即时性，特别是日报，能及时地传递最新的广告信息。

（4）计划性：当策划报纸广告时，媒介价值是按照计划性而评定的。换言之，即按发行份数或分布状况而决定诉求地区和诉求对象。此外，一些企业产品的系列广告随着产品的市场周期变化，需要经过周详的策划，随时间推移而逐渐推进，这时广告分期推出而又不失连续性、计划性，选用报纸媒介是再适合不过的了。一些企业整体广告营销策划中的媒介组合，一般也都离不开报纸广告。

以上特征，当实际运用设计表现技巧时具有何种意义，就不难想象了。

▶ 5.3.6 优秀案例欣赏

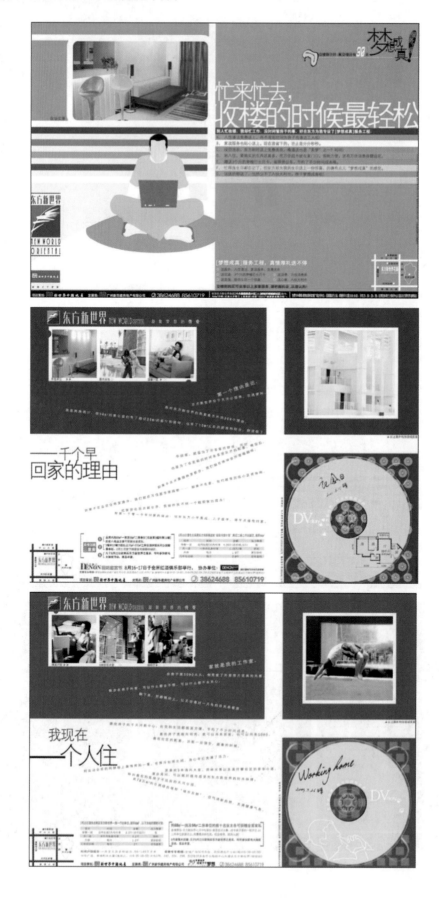

Chapter 06

书籍与画册——
像电影一样
"起、承、转、合"

书籍是用文字、图画和其他符号在一定材料上记录各种知识，清楚地表达思想，并且装订成卷册的著作物，它是传播各种知识和思想、积累人类文化的重要工具。随着历史的发展，书籍在书写方式、所用材料、装帧形式以及形态方面，也在不断地变化与变更。

画册（picture album；album of paintings）意为装订成册的画，是企业对外宣传自身文化、产品特点的广告媒介之一，属于印刷品。画册是一个展示平台，可以是企业，也可以是个人，都可以成为画册的拥有者。可以用流畅的线条、美观的图片或优美的文字，组合成一本富有创意且具有可读、可赏性的精美画册，全方位立体展示企业或个人的风貌、理念，宣传产品、品牌形象。

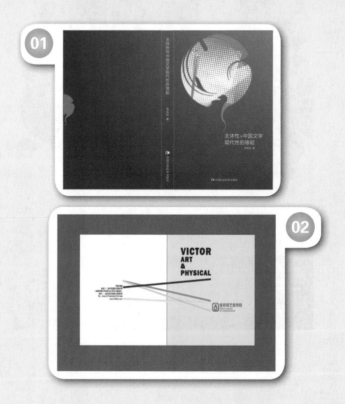

6.1　书籍封面

▶ 6.1.1　书籍设计师的必备知识

（1）书籍的组成部分

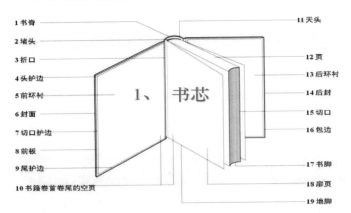

（2）书籍出版流程

熟悉出版业内的主要角色，有助于设计者更好地体会工作环境和开展工作。

▶ 6.1.2 项目背景

项目	客户	服务内容	时间
中国社会科学出版社图书项目	中国社会科学出版社	书籍封面设计	2009.12

　　本书主要内容包括：主体性与现代性；主体性与中国文学现代性的复调；美的文学与人的文学；群治的文学与文学革命；"立人"的文学五部分。本书由中国社会科学出版社出版发行。

▶ 6.1.3 设计构思

（1）提取诉求点

根据对企业背景的了解，标志需要传达的信息主要集中在"庄重、折叠、环保、品质"这四点上。

（2）分析诉求点

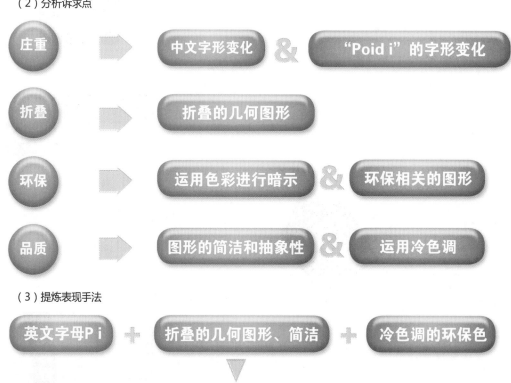

（3）提炼表现手法

彰显深度与文化气息
　　背景以深蓝色为主色调，颜色显得沉稳庄重。在封面中，主题内容选用不规则的图案变化而成，具有深度和艺术性，并与本书主题内容相符合。

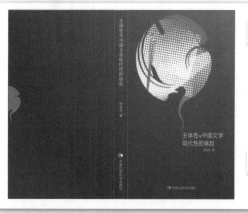

设计分析

文件路径　素材文件\Chapter6\01\complete\书籍封面.cdr

▶ **6.1.4 制作方法**

1．制作背景颜色

● 背景颜色以深绿色为主，以渐变填充工具来进行填充，填充时注意设置参数。

Step 01 新建文件

❶ 运行CorelDRAW X5，单击工具栏中的"新建"按钮，新建"图形1"。

❷ 单击属性栏中的"横向"按钮，将页面转换为横向。

Step 02 绘制矩形并填充颜色

❶ 在工具箱中选择"矩形工具"，绘制一个矩形。

❷ 在工具箱中选择"填充工具"→"渐变填充"，在弹出的"渐变填充"对话框中设置参数。

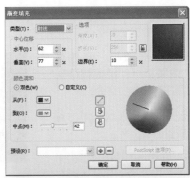

❸ 完成后单击"确定"按钮，应用渐变填充。

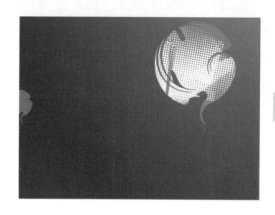

2. 导入素材

● 导入素材，然后使用图框精确剪裁工具进行调整，这里需要熟练运用此工具才能完成制作。

Step 01 导入素材

按<Ctrl+I>快捷键，在弹出的"导入"对话框中选择位图文件，单击"导入"按钮。

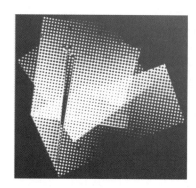
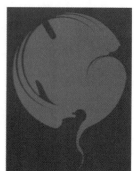

Step 02 编辑导入图形

❶ 选中刚才导入的素材，单击菜单栏中的"效果"→"图框精确剪裁"→"放置在容器中"命令。

❷ 此时光标变成箭头形状，单击背景，将图形放置进去。

❸ 右击图形，在弹出的快捷菜单栏中选择"编辑图形"命令，调整素材在容器中的位置。调整完成后右击，在弹出的快捷菜单中选择"结束编辑"命令。

Step 03 编辑素材图形

❶ 选中刚才导入的素材，单击菜单栏中的 "效果" → "图框精确剪裁" → "放置在容器中" 命令。

❷ 这时光标变成箭头形状，单击背景，将图形放置进去。

❸ 右击图形，在弹出的快捷菜单栏中选择 "编辑图形" 命令，调整素材在容器中的位置。调整完成后右击，在弹出的快捷菜单中选择 "结束编辑" 命令。

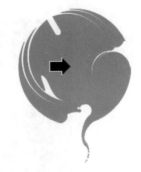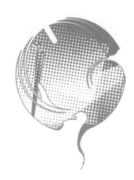

Step 04 调整大小及位置

将图形适当调整大小，如右图所示进行排列。

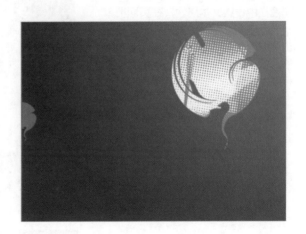

3．制作文字与书脊

● 用线条与文字制作出书脊的效果。

制作文字与书脊

① 在工具箱中选择"矩形工具" ▣ ，如右图所示绘制一个矩形，并单击调色板中的"20%黑"色块，填充矩形颜色。

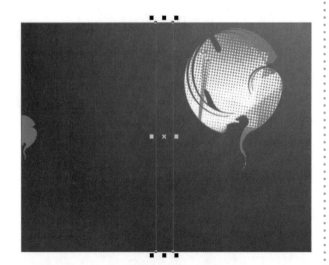

② 在工具箱中选择"文本工具" 字 ，在属性栏中设置文本属性。在页面上单击，显示输入光标后输入文字。完成后单击调色板中的白色色块，填充文字为白色。按<Ctrl+.>快捷键，将需要的文字转换为竖向。

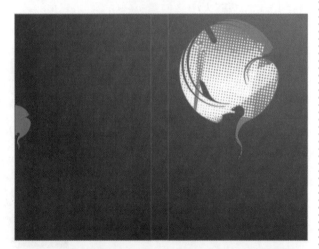

6.2　企业画册

▶ 6.2.1　什么是画册设计

（1）画册的标准

一本好的画册需要注意以下四点。

- 企业文化、市场策略和产品特性的整体体现。
- 视觉上的美感。
- 画册设计的前后连贯性。
- 展示功能性和目的性。

（2）画册的制作流程

1）小样

小样（thumbnail），是美工用来具体表现布局方式的大致效果图，尺寸很小（约为3*4英寸），省略了细节，比较粗糙，是最基本的表现。直线或水波纹表示正文的位置，方框表示图形的位置。然后，中选的小样再进行进一步制作。

2）大样

在大样中，美工绘出实际大小的广告，提出候选标题和副标题的最终字样，安排插图和照片，用横线表示正文。广告公司可以向客户，尤其是在乎成本的客户提交大样，以征得他们的认可。

3）末稿

到末稿（comprehensive layout/comp）这一步，制作已经非常精细，几乎和成品相同。末稿一般都很详尽，有彩色照片、确定好的字体风格和配合用的小图像，再加上一张光喷纸封套。现在，末稿的文案排版以及图像元素的搭配都由电脑来执行，打印出来的广告如同四色清样一般。到了这一阶段，所有图像元素都应最后落实。

4）样本

样本体现手册、多页材料或售点陈列被拿在手上的样子和感觉。美工借助彩色记号笔和电脑清样，把样本放在硬纸上，然后按尺寸进行剪裁和折叠。例如，手册的样本是逐页装订起来的，看起来同成品完全相同。

（3）宣传画册的特点和优越性

宣传画册的特点和优越性主要体现在以下四点。

1）宣传准确真实

可以附带广告产品实样，如纺织面料、特种纸张、装饰材料、洗涤用品等，更具有直观的宣传效果。

2）介绍仔细翔实

它可以保证有长时间的广告诉求效果，使消费者对广告有仔细品味的余地。

3）印刷精美别致

充分利用现代先进的印刷技术所印制的影像逼真、色彩鲜明的产品来吸引消费者，有效传递广告信息，使受众对产品留下深刻的印象。

4）散发传播广泛

可以大量印发、邮寄到代销商或随商品发到用户手中。

▶ 6.2.2 项目背景

项目	客户	服务内容	时间
维克特艺术学校招生画册	维克特艺术学校	招生、宣传画册	2010.3

维克特艺术学校是一所在成都地区从事教育开发和专业培训教育的机构，主要以高考艺术类培训和体育类培训为主。

▶ 6.2.3 设计构思

（1）提取诉求点

根据对学校性质和教学方向的了解，有针对性地在画册中将学校的办学特色和师资力量等表现出来，加大对学校的宣传。

（2）分析诉求点

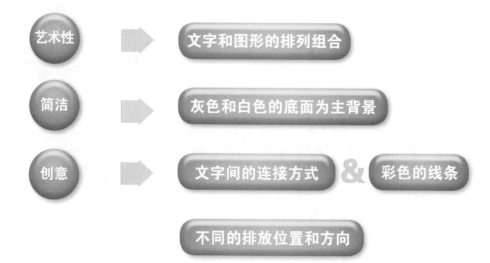

（3）提炼表现手法

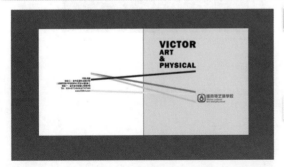

设计分析 **抓住企业核心理念**

　　该企业画册主要传达简洁、富有设计感的封面画面，设计上较为简洁，注重文字和图形的排版。用图形连接封面和封底，是一个很好的创意。

文件路径 素材文件\Chapter6\02\complete\
企业画册.cdr

▶ **6.2.4 制作方法**

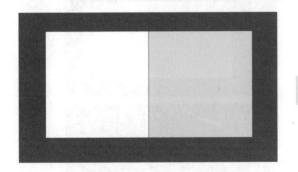

1. 制作背景

● 制作封面和封底的背景。
● 封面为浅灰色，封底为白色背景，简洁而有正式感。

Step 01 新建文件

❶ 运行CorelDRAW X5，单击工具栏中的"新建"按钮，新建"图形1"。

❷ 单击属性栏中的"横向"按钮，将页面转换为横向。

Step 02 制作背景

❶ 在工具箱中选择"矩形工具" 🔲，绘制一个矩形。

❷ 单击调色板中的"80%黑"色块，填充图形。

Step 03 继续制作背景

❶ 在工具箱中选择"矩形工具" 🔲，绘制一个比刚才小的矩形。

❷ 单击调色板中的白色色块，填充图形。

Step 04 继续制作背景

❶ 在工具箱中选择"矩形工具" 🔲，绘制一个比刚才小一半的矩形。

❷ 单击调色板中的"10%黑"色块，填充图形。

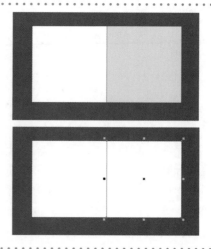

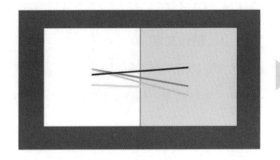

2. 绘制辅助装饰图形

● 用手绘工具绘制出不同颜色的线条作为辅助图形，增添了画面的设计感和整体性。
● 线条的不规则排列使封面设计更活跃。

Step 01 绘制直线

❶ 在工具箱中选择"手绘工具" 🖉，绘制一根直线。

❷ 在属性栏中设置参数，改变线条的宽度。

❸ 单击调色板中的黄色色块，填充图形。

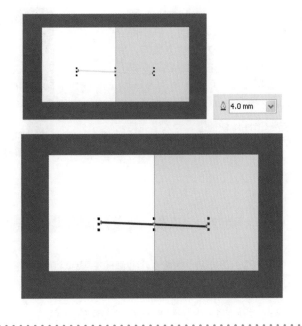

4.0 mm

Step 02 继续绘制直线

按照同样的方法，添加其他线条，如右图所示。

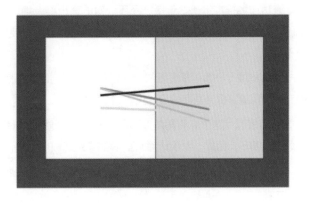

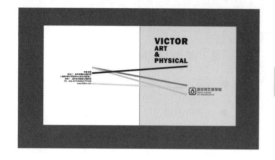

3. 制作文字

● 制作好画面的背景和图形后，开始添加文字内容。
● 文字内容主要包括企业名称和一些简单的介绍文字。

制作文字并进行排列

❶ 在工具箱中选择"文本工具" 字，在属性栏中设置文本属性。在页面上单击，显示输入光标后输入文字。完成后单击调色板中的黑色色块，填充文字为黑色。按<Ctrl+L>/<Ctrl+R>快捷键，将文字设置为左/右对齐。

❷ 按<Ctrl+I>快捷键，导入维克特艺术学校Logo，并适当调整其位置。

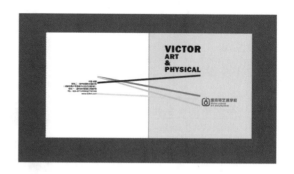

▶ **6.2.5 客户为什么满意**

初学者： 设计师，您好！企业画册主要包含哪些内容？

设计师： 企业画册主要包含以下内容。

企业文化：企业长期经营活动和管理经验的总结，并成为企业区别其他同行的特质。通过时间的积累和企业内部的共同努力，使之成为独特的企业文化，其具有唯一性。独特的企业文化也是品牌价值的衡量标准之一。而画册设计过程是对这一文化特质的反映和提炼。

市场推广策略：画册的元素、版式、配色不但需要符合设计美学的三大构成关系，更重要的是完整地表达市场推广策略，包括产品所针对的客户群、地域、年龄段、知识层等。例如，一本儿童用品的画册需要完整表述企业乐观、向上的精神面貌，配色要可爱，活泼，版式丰富而有趣，产品罗列有条不紊等。

三大构成：一本画册是否符合视觉美感的评定依据包括图形构成、色彩构成、空间构成。三大构成的完美表现能够提升画册的设计品质和企业内涵。

产品表现：这个环节需要摄影和Photoshop修图共同完成，通常要求产品表面光洁，明暗对比强烈而不失细节。因此，对设计师的基本功需要更高的要求，而不再局限于版式设计。

画册工艺：即印刷纸张、克数、工艺的选择，也是画册设计的重要环节，是决定画册成品质量的因素之一。

初学者：设计师在设计企业画册时要注意哪些事项？

设计师：无论什么样的画册创意，都要以读者为导向。画册是给读者看的，是为了达成一定的目标，为了促进市场运作，既不是为了取悦广告奖的评审，也不是为了让别人典藏，更不是为了让创作者自鸣得意。创意人员需要极为深刻地揣摩目标对象的心态，创意才容易引起共鸣。文学家或导演有几十万字或者上百分钟的时间可以说故事，宣传画册只有很有限的文字和页面可以讲故事。因此，创意人员要习惯抓重点的思考方式，而且抓住重点做大文章。

初学者：设计师，您好！在制作画册的时候需要注意哪些事项？

设计师：在画册制作、设计的过程中，设计师应依据不同的内容和主题特征，进行优势整合，统筹规划，使画册在整体和谐中求创新。一本好的画册一定要有准确的市场定位和高水准的创意设计，从各个角度展示画册载体的风采。画册可以大气磅礴，可以翔实细腻，可以缤纷多彩，可以朴实无华。优秀的设计人员会将企业画册创作成为一种艺术享受和营销动力。

初学者：商业画册与普通画册有什么不同？

设计师：商业画册由于目的性不同，其策划制作过程实质上是一个企业理念的提炼和实质的展现过程，而非简单的图片文字的叠加。一本优秀的商业画册应该能够给人以艺术的感染、实力的展现、精神的呈现，而不是枯燥的文字和呆板的图片组合。

▶ 6.2.6 纸张版纹介绍

版纹设计，又称花球设计、扭索饰设计、底纹背景设计。

这是最古老，历史最久远的防伪技术之一。在大家所熟悉的钞票、护照、支票上均可见到这种背景图文。目前的安全图文设计系统则与计算机技术相结合，可以根据使用者自己的风格进行设计，设计出有鲜明个性化特征的完整的图案背景及相关文字，如花球、微缩、缩微、防扫描图文、防复印图文、浮雕图案等。这些图文均采用线条设计，专色印刷，可有效防止电分、照相等传统手段复制后的分色印刷和彩色复印，并起到明显防伪作用。这正是受暴利驱使的犯罪分子所不喜欢的，因此这种安全图文设计仍广泛应用。

▶ 6.2.7 画册纸张的识别性与防伪介绍

画册主要由纸张构成，而纸张是印刷的物质基础，一些采用特殊工艺制造的专用纸基本上就具有防伪特点。在专用纸张中采用的识别性技术如下。

- 水印纸：水印纸在制造过程中，可利用技术手段将所需要的标识、图案等加入纸中，这些图案通常情况下不易看出，只有对着强光才能看清，被世界各国防伪专家公认为是一种行之有效的防伪技术。
- 安全线：安全线是指在造纸过程中将一条金属线或塑料线置于纸张中间。
- 红蓝纤维丝或彩点：在造纸过程中将红蓝纤维或彩色小片（点）掺入纸浆内，或在纸张未定型前撒在纸张表面，在紫外线照射下有荧光反射。红蓝纤维丝和彩点在纸张中有固定位置和不固定位置两种。
- 防复制用纸：这种纸张复印后会浮现"复制"和"无效"的字样，可有效防止彩色复印重要文件。另一种全吸收型防复印纸外观呈蓝色或棕红色，纸上图文只有透过光才能看到，其复印件呈现一片漆黑。
- 无荧光专用纸：一般纸张在紫外照射下均显有荧光，于是印钞纸及一些有价证券或票据则采用无荧光的专用纸防伪。

▶ 6.2.8 优秀案例欣赏

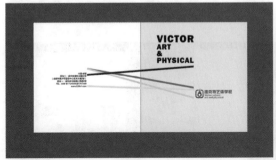

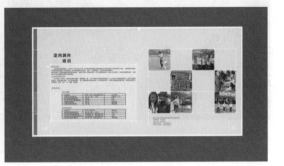

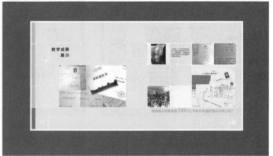

The tour wonderland of the flowerage culture international

花，为游乐带来无法表述的物性。黑色天空的游乐场"花神喷泉"与"游乐泉归"混杂融合，以独创的唯美合一、笔人生一般文化妆容。引导游客走向灿和自然。

蓝色水乡"花文化"贯穿于花游时光的全貌，多以"特质五店""体验式游乐"等等，整合建"食、住、行、游、娱、购、疗、学"等全十方位，在与场为游客带来无法过程中，有心的游客会得新启游；情增结合自然的心境来落生命。

Vector-based drawings are resolution independent. This means that they appear at the maximum resolution of the output device, such as your printer or monitor. As a result, the image quality of your drawing is a higher quality resolution if you print from a 600 dots per inch (dpi) printer than from a 300-dpi printer.

Entertainment group

When your printing device is properly configured,

you can often print a document without c hanging any of the default

Sport

The tour wonderland of the flowerage culture international

Spain 拉丁风情的席卷
尽情尽性　激情热舞

When your printing device is properly configured,

You can move and change its properties over

You can move and change its properties over and over again while maintaining its original clarity and crispness without affecting other objects in the drawing. These characteristics make vector-based applications ideal for illustration, in which the design process often requires individual objects to be created and manipulated. Vector-based drawings are resolution independent. This means that they appear at the maximum resolution of the output device, such as your printer or monitor.

Chapter 07

产品设计——
三维的视觉传达

产品设计是一个创造性的综合信息处理过程，通过线条、符号、数字、色彩等元素把产品显现给人们。它将人的某种目的或需要转换为一个具体的物理形式或工具的过程，把一种计划、规划设想、问题解决的方法，通过具体的载体以美好的形式表达出来。产品效果图的表现，使形态更具突出的视觉效果。通过本例的制作，读者可以学习产品效果图的设计思路、设计原则和要点，以及不同类型产品的设计特点。在软件技法上，读者能够学习到CorelDRAW X5强大的图形编辑功能。

01

02

7.1　什么是产品设计

▶ 7.1.1　产品设计的意义

　　产品设计反映一个时代的经济、技术和文化。由于产品设计阶段要全面确定整个产品策略、外观、结构、功能，从而确定整个生产系统的布局，因而产品设计的意义重大，具有"牵一发而动全局"的重要意义。如果一个产品的设计缺乏生产观点，那么生产时就将耗费大量费用来调整和更换设备、物料和劳动力。相反，好的产品设计，不仅表现在功能上的优越性，而且便于制造，生产成本低，从而使产品的综合竞争力得以增强。许多在市场竞争中具有优势的企业都十分注意产品设计的细节，以便设计出造价低而又具有独特功能的产品。许多发达国家的公司都把设计看作热门的战略工具，认为好的设计是赢得顾客的关键。

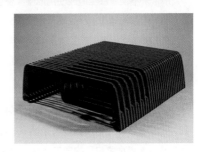

▶ 7.1.2　产品设计的要求

　　一项成功的设计，应满足多方面的要求。这些要求，有社会发展方面的，有产品功能、质量、效益方面的，也有使用要求或制造工艺要求。一些人认为，产品要实用，因此设计产品时首先考虑功能，其次才是形状；而另一些人认为，设计应是丰富多彩、异想天开和使人感到有趣的。设计人员要综合考虑这些方面的要求。下面详细讲述这些方面的具体要求。

　　（1）社会发展的要求

　　设计和试制新产品，必须以满足社会需要为前提。这里的社会需要，不仅是眼前的社会需要，而且要看到较长时期的发展需要。为了满足社会发展的需要，开发先进的产品，加速技术进步是关键。为此，必须加强对国内外技术发展的调查研究，尽可能吸收世界先进技术。有计划、有选择、有重点地引进世界先进技术和产品，有利于赢得时间，尽快填补技术空白、培养人才和取得经济效益。

　　（2）经济效益的要求

　　设计和试制新产品的主要目的之一是为了满足市场不断变化的需求，以获得更好的经济效益。好的设计可以解决顾客所关心的各种问题，如产品功能如何、手感如何、是否容易装配、能否重复利用、产品质量如何等。同时，好的设计可以节约能源和原材料、提高劳动生产率、降低成本等。所以，在设计产品结构时，一方面要考虑产品的功能、质量；另一方面要顾及原料和制造成本的经济性；同时，还要考虑产品是否具有投入批量生产的可能性。

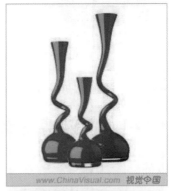

　　（3）使用的要求

　　新产品要为社会所承认，并能取得经济效益，就必须从市场和用户需要出发，充分满足使用要求，这是对产品设计的基本要求。使用要求主要包括以下内容。

- 使用的安全性。设计产品时，必须对使用过程的种种不安全因素，采取有力措施加以防止和防护。同时，设计还要考虑产品的人机工程性能，易于改善使用条件。

- 使用的可靠性。可靠性是指产品在规定的时间内和预定的使用条件下正常工作的概率。可靠性与安全性相关联。可靠性差的产品，会给用户带来不便，甚至造成使用危险，使企业信誉受到损失。对于民用产品（如家电等），产品易于使用十分重要。产品设计还要考虑和产品有关的美学问题，产品外形和使用环境、用户特点等的关系。在可能的条件下，应设计出用户喜爱的产品，提高产品的欣赏价值。

（4）制造工艺的要求

制造工艺也是产品设计的基本要求，就是产品结构应符合工艺原则。也就是在规定的产量规模条件下，能采用经济的加工方法，制造出合乎质量要求的产品。这就要求所设计的产品结构能够最大限度地降低产品制造的劳动量，减轻产品的重量，减少材料消耗，缩短生产周期并降低制造成本。

 7.2 玻璃质感产品设计

设计分析　杯子以温馨的橙黄色调为主，先制作杯子的轮廓，再进行颜色的填充和变换。杯身采用橙色为主，添加一些绿叶和橙色叶子作为装饰效果，整个产品设计典雅素丽。

文件路径　素材文件\Chapter7\01\complete\玻璃质感产品设计.cdr

▶ 7.2.1 制作方法

1. 制作茶杯的杯身

- 制作杯身所运用的主要是钢笔工具和渐变填充工具。
- 在具体制作过程中需要特别注意两点：一是颜色的选择，不可太深或太浅，否则会失去立体感；二是注意弧线的弧度，要把握好透视关系。

Step 01 新建文件

❶ 运行CorelDRAW X5，单击工具栏中的"新建"按钮 🗋，新建"图形1"。

❷ 单击属性栏中的"横向"按钮 🔲，将页面转换为横向。

Step 02 制作茶杯口轮廓

在工具箱中选择"手绘工具" 🖌 → "钢笔" 🖊，绘制出如右图所示的图形，注意透视关系。

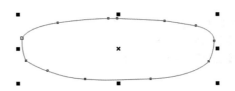

Step 03 调整节点位置

❶ 在工具箱中选择"交互式填充工具" 🖱 → "网状填充" ▦，图形上出现线段与节点。

❷ 对照图示，用鼠标拖动节点，适当调整节点的位置与数量。

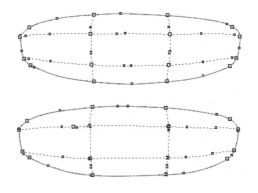

怎样移动、增加或删除节点？

单击节点并拖动可以移动到任意位置，双击节点可以将之删除，在线段上单击可以增加一个新的节点。

Step 04 填充颜色

❶ 单击左侧四个节点，在调色板上单击"20%黑"色块，进行颜色填充，其他节点选择"10%黑"进行颜色填充。

❷ 对照图示，选取相应节点对其填充颜色，并去掉轮廓线。

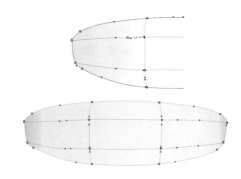

Step 05 绘制茶杯水面轮廓

❶ 在工具箱中选择"椭圆形工具" 🔘，绘制一个椭圆形。

❷ 按<Ctrl+Q>快捷键，将椭圆形转换为曲线。

❸ 在工具箱中选择"形状工具" 🖎，拖动节点调整椭圆形的形状，使之与上一个图形重合后底边弧度大小相同。

Step 06 填充颜色

❶ 在工具箱中选择"交互式填充工具" 🖎→"网状填充" 🎛。

❷ 如图所示，选中相应节点，对其填充颜色，并去掉轮廓线。

❸ 将制作好的两个图形叠放到一起。

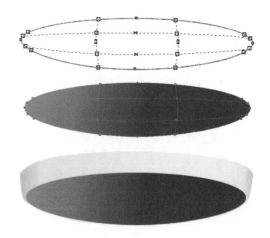

Step 07 制作茶杯口立面

❶ 在工具箱中选择"手绘工具" → "钢笔" ，绘制出如右图所示的茶杯立面形状，单击调色板中的"80%黑"色块，为图形填充颜色，再右击调色板顶部的无填充按钮 ，去掉边框。

❷ 在工具箱中选择"调和工具" → "透明度" ，在属性栏中设置"透明度类型"为"标准"，并去掉轮廓线。

Step 08 制作水面的立体感

❶ 在工具箱中选择"手绘工具" → "钢笔" ，绘制出如右图所示的形状。

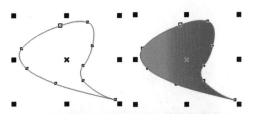

❷ 在工具箱中选择"填充工具" → "渐变填充" ，在弹出的"渐变填充"对话框中设置参数。选择"类型"为"线性"，选择"颜色调和"为"双色"，单击"从（F）"颜色下拉按钮，在弹出的颜色选择框中单击"其它"按钮，弹出"选择颜色"对话框，设置渐变起始颜色为（C:9；M:55；Y:75；K:5），完成后单击"确定"按钮。

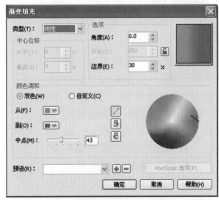

❸ 按照同样的方法设置"到（o）"的颜色为（C:18；M:96；Y:100；K:10），最后去掉轮廓线。

Step 09 继续制作水面的立体感

❶ 按小键盘中的<+>键,复制一个图形。选中复制的图形,单击属性栏上的"水平镜像"按钮,将图形水平翻转。

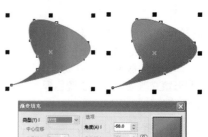

❷ 在工具箱中选择"填充工具" →"渐变填充",在弹出的"渐变填充"对话框中设置参数。

❸ 将图形组合到一起,选中灰色长条图形,按<Shift+PageUp>快捷键,将图形移到图层前面。

Step 10 绘制杯身轮廓

❶ 在工具箱中选择"手绘工具" →"钢笔",绘制出如右图所示的茶杯杯身轮廓。

❷ 在工具箱中选择"填充工具" →"渐变填充",在弹出的"渐变填充"对话框中设置参数。选择"类型"为"射线",选择"颜色调和"为"双色",单击"从(F)"颜色下拉按钮,在弹出的颜色选择框中单击"其它"按钮,弹出"选择颜色"对话框,设置渐变起始颜色为(C:38,M:56,Y:56,K:5),完成后单击"确定"按钮。

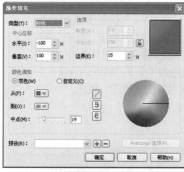

❸ 按照同样方法设置"到(o)"的颜色为(C:19,M:97,Y:100,K:11),最后去掉轮廓线。

Step 11 制作杯身主体图形

❶ 将灰色长条图形与杯身叠放在一起，并将两个图形同时选中。

❷ 单击"前剪后"按钮，并去掉杯身的轮廓线，然后将灰色长条图形移回原处。

❸ 将制作好的图形组合到一起。

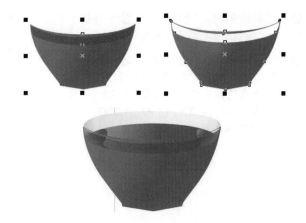

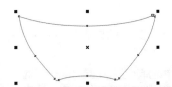

Step 12 制作杯身辅助图形1

❶ 在工具箱中选择"手绘工具" → "钢笔" ，绘制出如右图所示的图形。

❷ 在工具箱中选择"填充工具" → "渐变填充" ，在弹出的"渐变填充"对话框中设置参数。单击渐变条左上角的指示块，再单击"其它"按钮，在弹出的"选择颜色"对话框中设置渐变起始颜色为（C:22，M:94，Y:100，K:16），完成后单击"确定"按钮。

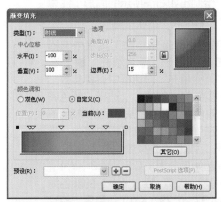

❸ 按照同样的方法设置终点颜色为（C:0，M:38，Y:98，K:0），并去掉轮廓线。

Step 13 制作杯身辅助图形2

❶ 在工具箱中选择"手绘工具" → "钢笔" ，绘制出如右图所示的图形。

❷ 在工具箱中选择"填充工具" → "渐变填充" ，按照之前的方法设置颜色属性，起点色为（C:0，M:9，Y:29，K:0），终点色为（C:18，M:92，Y:100，K:10），并去掉轮廓线。

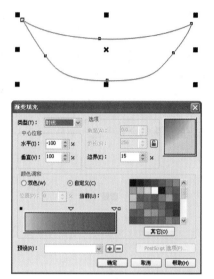

Step 14 制作茶杯口处高光

❶ 在工具箱中选择"手绘工具" → "钢笔" ，绘制出如右图所示的图形，注意图形大小与弧度要和茶杯口相同。

❷ 选中其中一个图形，在工具箱中选择"填充工具" → "渐变填充" ，在弹出的"渐变填充"对话框中设置参数。选择"类型"为"射线"，选择"颜色调和"为"双色"，单击"从（F）"颜色下拉按钮，在弹出的颜色选择框中单击"其它"按钮，弹出"选择颜色"对话框，设置渐变起始颜色为（C:5，M:3，Y:4，K:0）。同理，设置"到（o）"的颜色为（C:0，M:97，Y:29，K:0），最后去掉轮廓线。

❸ 按照同样的方法，将另一个图形进行渐变填充。

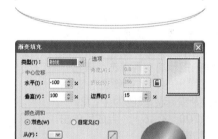

Step 15 绘制辅助图形3

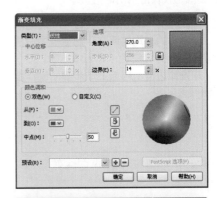

❶ 在工具箱中选择"手绘工具" 🔄→"钢笔" 🖊，绘制出如右图所示的图形。

❷ 在工具箱中选择"填充工具" 🎨→"渐变填充" ◼，在弹出的"渐变填充"对话框中设置参数。选择"类型"为"线性"，选择"颜色调和"为"双色"，单击"从（F）"颜色下拉按钮，在弹出的颜色选择框中单击"其它"按钮，弹出"选择颜色"对话框，设置渐变起始颜色为（C:0，M:38，Y:98，K:0）。同理，设置"到（o）"的颜色为（C:7，M:89，Y:100，K:1），最后去掉轮廓线。

❸ 将制作好的图形组合起来，就完成了杯身的制作。

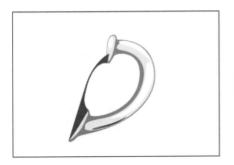

2. 制作茶杯手柄

● 手柄的制作看似复杂，实际上把握好规律之后制作起来非常容易，先绘制好手柄的外轮廓，填充较深的颜色，再制作中间色调部分，最后加上几处高光加以点缀。

Step 01 绘制茶杯手柄基本形状

❶ 在工具箱中选择"手绘工具" 🔄→"钢笔" 🖊，绘制出如右图所示的茶杯手柄基本形状。

❷ 在调色板中单击"50%黑"色块，为图形填充颜色，并去掉边框。

Step 02 制作茶杯手柄的立体效果

❶ 在工具箱中选择"手绘工具" → "钢笔" ，绘制出如右图所示的图形。

❷ 在工具箱中的"填充工具" → "均匀填充" ，在弹出的"均匀填充"对话框中设置参数，填充图形为乳白色（R:239，G:239，B:27），并去掉边框，再与上一步骤所制作图形组合到一起。

Step 03 继续制作手柄的立体效果

❶ 在工具箱中选择"手绘工具" → "钢笔" ，绘制出如右图所示的图形。

❷ 单击调色板中的白色色块，为图形填充颜色，并去掉边框，再与上一步 骤所创建的图形组合到一起。

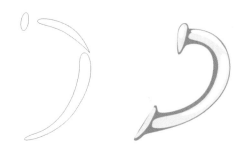

Step 04 制作茶杯手柄在杯身的倒影效果

❶ 在工具箱中选择"手绘工具" → "钢笔" ，绘制出如右图所示的图形。

❷ 单击调色板中的红色色块，为图形填充颜色，并去掉边框，与茶杯手柄组合在一起。

Step 05 制作杯身颜色在手柄上的反光效果

❶ 在工具箱中选择"手绘工具" → "钢笔" ，绘制出如右图所示的图形。

❷ 在工具箱中选择"填充工具" 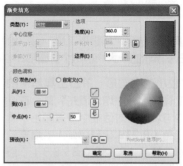→"渐变填充" ，在弹出的"渐变填充"对话框中设置参数。选择"类型"为"线性"，选择"颜色调和"为"双色"，单击"从（F）"颜色下拉按钮，在弹出的颜色选择框中单击"其它"按钮，弹出"选择颜色"对话框，设置渐变起始颜色为（C:31,M:54,Y:56,K:8）。同理，设置"到（o）"的颜色为（C:31,M:90,Y:100,K:42），最后去掉轮廓线，与茶杯手柄组合在一起。

3. 制作底座与叶片装饰

- 茶杯底座虽然在整个图形中所占面积比例不大，却是特别需要注意立体感与透视关系的地方。
- 叶片的颜色要适当偏黄，与整体色调相呼应。

Step 01　绘制底座

❶ 在工具箱中选择"椭圆形工具" ，绘制出如右图所示的椭圆形。

❷ 在工具箱中选择"填充工具" →"渐变填充" ，在弹出的"渐变填充"对话框中设置参数。单击渐变颜色设置条的黑色方块，再单击"其它"按钮，在弹出的"选择颜色"对话框中设置颜色为（C:0,M:4,Y:15,K:0），完成后单击"确定"按钮，设置渐变起始色。

❸ 按照同样的方法设置终点颜色为（C:7,M:89,Y:100,K:1），最后去掉轮廓线。

Step 02 绘制杯底

❶ 在工具箱中选择"椭圆形工具" ，绘制出如右图所示的一大一小两个椭圆形。

❷ 选中较小的椭圆形，单击工具箱中的"填充工具" → "均匀填充" ，在弹出的"均匀填充"对话框中设置颜色，填充为橘红色（R:219,G:56,B:7）；填充较大椭圆形为红色（R:182,G:35,B:3），最后去掉边框。

Step 03 绘制杯底高光1

❶ 在工具箱中选择"手绘工具" → "钢笔" ，绘制出如右图所示的两个图形。

❷ 在工具箱中选择"填充工具" → "渐变填充" ，在弹出的"渐变填充"对话框中设置参数。选择"类型"为"射线"，选择"颜色调和"为"双色"，单击"从（F）"颜色下拉按钮,在弹出的颜色选择框中单击"其它"按钮，弹出"选择颜色"对话框，设置渐变起始颜色为（C:0,M:9,Y:29,K:0）。同理，设置"到（o）"的颜色为（C:1,M:92,Y:100,K:10），最后去掉轮廓线。

Step 04 绘制杯底高光2

❶ 在工具箱中选择"手绘工具" → "钢笔" ，绘制出如右图所示的图形。

❷ 填充图形为浅橘色（R:242,G:193,B:149），并去掉边框。

Step 05 绘制杯底高光3

❶ 在工具箱中选择"手绘工具" → "钢笔" ，绘制出如右图所示的图形。

❷ 在工具箱中选择"填充工具" → "渐变填充" ，在弹出的"渐变填充"对话框中设置参数。选择"类型"为"线性"，选择"颜色调和"为"双色"，单击"从（F）"颜色下拉按钮，在弹出的颜色选择框中单击"其它"按钮，弹出"选择颜色"对话框，设置渐变起始颜色为（C:0,M:0,Y:0,K:0）。同理，设置"到（o）"的颜色为（C:0,M:27,Y:100,K:0），最后去掉轮廓线。

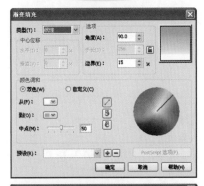

Step 06 将做完的元素组合起来

对照图示，将底座与茶杯的杯身组合到一起，注意图层顺序。

Step 07 绘制装饰叶片轮廓

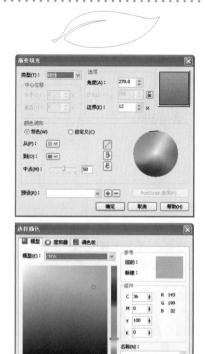

❶ 在工具箱中选择"手绘工具" → "钢笔" ，绘制出如右图所示的图形。

❷ 在工具箱中选择"填充工具" → "渐变填充" ，在弹出的"渐变填充"对话框中设置参数。选择"类型"为"线性"，选择"颜色调和"为"双色"，单击"从（F）"颜色下拉按钮，在弹出的颜色选择框中单击"其它"按钮，弹出"选择颜色"对话框，设置渐变起始颜色为（C:36,M:0,Y:100,K:0）。同理，设置"到（o）"的颜色为（C:76,M:257,Y:100,K:10），最后去掉轮廓线。

Step 08 添加渐变填充颜色

❶ 在工具箱中选择"手绘工具" → "钢笔" ，绘制出如右图所示的图形。

❷ 在工具箱中选择"填充工具" → "渐变填充" ，在弹出的"渐变填充"对话框中设置参数。选择"类型"为"线性"，选择"颜色调和"为"双色"，单击"从（F）"颜色下拉按钮，在弹出的颜色选择框中单击"其它"按钮，弹出"选择颜色"对话框，设置渐变起始颜色为（C:25,M:0,Y:91,K:0）。同理，设置"到（o）"的颜色为（C:60,M:11,Y:100,K:0），最后去掉轮廓线。

❶ 在工具箱中选择"手绘工具" 🖊→ "钢笔" 🖊，绘制出如右图所示的图形。

❷ 单击工具箱中的"填充工具" 🖏→ "均匀填充" ■，在弹出的"均匀填充"对话框中设置颜色，填充为绿色（R:144,G:195,B:80），再按<Shift+PageDown>快捷键，将图像置于页后面。

4. 制作装饰

● 此图形既可以单独作为一个造型优美的图形，也可以是整体图形中茶杯升起的烟雾或一片茶叶，与产品主体相符合。
● 在制作的时候需要灵活运用钢笔工具勾勒线条，注意线条的流畅度。

❶ 在工具箱中选择"手绘工具" 🖊→ "钢笔" 🖊，绘制出如右图所示的三个图形。

❷ 调整图形的流畅度，然后完成图形造型。

Step 02 填充颜色

选中其中一个图形，在工具箱中选择
"填充工具" → "渐变填充" ，
在弹出的"渐变填充"对话框中设置
参数。选择"类型"为"线性"，选
择"颜色调和"为"双色"，单击
"从（F）"颜色下拉按钮，在弹出
的颜色选择框中单击"其它"按钮，
弹出"选择颜色"对话框，设置渐
变起始颜色为（C:0,M:0,Y:0,K:0）。
同理，设置"到（o）"的颜色为
（C:7,M:89,Y:100,K:1），最后去掉轮
廓线。

Step 03 完成效果

❶ 按照同样的方法，对其他两个图形进
行渐变填充。

❷ 完成效果如右图所示。

▶ **7.2.2 客户为什么满意**

　　初学者： 设计师，您好！在制作玻璃产品的过程中，怎样把握立体感与透明感呢？

　　设计师： 在玻璃产品的制作过程中，立体感与透明感是最重要的部分，如果这些处理不当，作品
就会失去真实感。

初学者: 玻璃产品在现代生活中是非常普遍的吗?

设计师: 当然是的,玻璃产品在在家装中的运用无处不在,它具有通透、灵巧、扩大空间等得天独厚的优势。而在日常生活中,玻璃制品更是随处可见,小到灯泡、杯子,大到窗户、桌子。玻璃可以运用在任何产品上。

初学者: 玻璃是如何分类的?

设计师: 玻璃可以简单分类为平板玻璃和特种玻璃。

▶ 7.2.3 优秀案例欣赏

7.3　金属质感产品设计

设计分析　　这一套产品设计是某品牌的家庭影院系列组合，造型简洁，整体感觉大气稳重。

文件路径　　素材文件\Chapter7\02\complete\金属质感产品设计.cdr

▶ 7.3.1　制作方法

1．制作音响1

● 音响1在制作过程中需要运用立体化工具和交互式网状填充工具。在使用交互式网状填充工具的时候，需要仔细调整节点位置。

Step 01　新建文件

❶ 运行CorelDRAW X5，单击工具栏中的"新建"按钮📄，新建"图形1"。

❷ 单击属性栏中的"横向"按钮▭，将页面转换为横向。

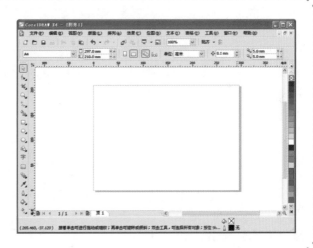

Step 02　绘制轮廓

在工具箱中选择"手绘工具"✎→"钢笔"✒️，绘制出如右图所示的图形，注意节点的位置。

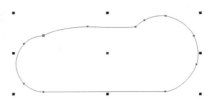

Step 03 制作立体化效果

❶ 单击菜单栏中的"效果"→"立体化"命令。

❷ 在窗口右侧的属性栏中单击"编辑"按钮,设置立体化属性,完成后单击"应用"按钮。

❸ 单击调色板中的"60%黑"色块,填充图形。

Step 04 设置渐变颜色

❶ 在工具箱中选择"手绘工具" →"钢笔" ,绘制出如右图所示的图形。

❷ 在工具箱中选择"填充工具" →"渐变填充" ,在弹出的"渐变填充"对话框中设置参数。

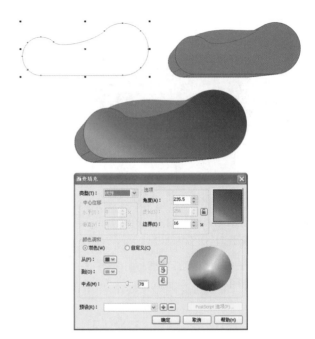

Step 05 制作LOGO牌

❶ 在工具箱中选择"矩形工具" ,在页面上绘制一个矩形。

❷ 在工具箱中选择"形状工具" ,单击正方形的任意一角并拖动,将正方形的直角调整为圆角。

❸ 在工具箱中选择"选择工具" ,将图形选中,单击调色板中的"80%黑"色块,填充图形,再右击调色板顶部的无填充按钮⊠,去掉边框。

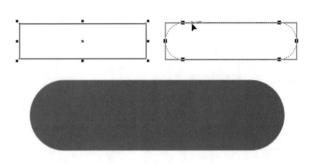

Step 06　制作字母立体效果

❶ 在工具箱中选择"文本工具"字，在属性栏中设置文本属性。

❷ 在页面上单击，显示输入光标后输入文字。选中文字，按<Ctrl+Q>快捷键，或单击属性栏中的"转换为曲线"按钮，将文字转换为曲线。

❸ 在工具箱中选择"填充工具"→"渐变填充"，在弹出的"渐变填充"对话框中设置参数。

Step 07　制作音响喇叭

❶ 在工具箱中选择"椭圆形工具"，按住<Ctrl>键，绘制出一个正圆形，单击调色板中的"70%黑"色块，更改颜色。

❷ 运用同样的方法，再绘制一个较小的正圆形。

❸ 在工具箱中选择"交互式填充工具"→"网状填充"，对照图示添加节点。

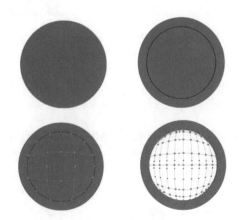

Step 08　添加渐变效果

❶ 单击图中所选节点，再单击调色板中的"50%黑"色块，填充图形。

❷ 选中同经线上的旁边一个节点，按同样方法对其填充颜色。

❸ 按照同样方法将该线段上所有节点填充颜色。

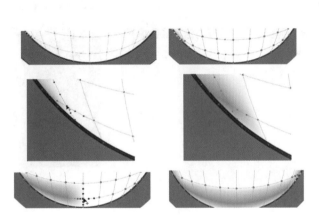

Step 09 添加渐变效果

❶ 单击图中所选空白处区域，再单击调色板中的"20%黑"色块，填充图形。

❷ 选中旁边的区域，按同样方法对其填充颜色。

❸ 参照图示，按同样方法将颜色填充完成。

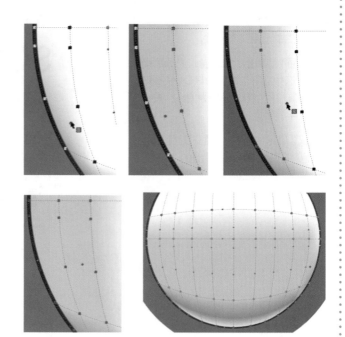

Step 10 添加渐变效果

❶ 单击图中所选节点，再单击调色板中的"90%黑"色块，填充图形。

❷ 选中旁边的节点，按同样方法对其填充颜色。

❸ 参照图示，按同样方法将颜色填充完成。

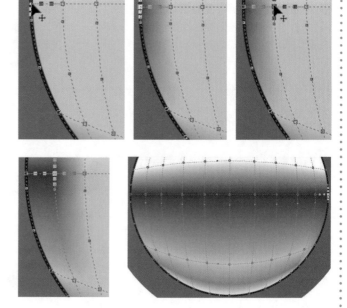

Step 11 添加渐变效果

❶ 单击图中所选空白区域，再单击调色板中的"30%黑"色块，填充图形。

❷ 选中旁边的空白区域，按同样方法对其填充颜色。

❸ 参照图示，按同样方法将颜色填充完成。完成后按小键盘中的<+>键几次，将图形多复制几个待用。为方便区别，将此图形命名为"图形1"。

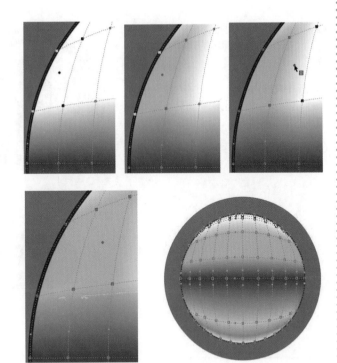

Step 12 制作喇叭

❶ 在工具箱中选择"椭圆形工具" ⃝，按住<Ctrl>键，绘制出一个正圆形，单击调色板中的"60%黑色"色块，更改颜色。

❷ 在工具箱中选择"椭圆形工具" ⃝，按住<Ctrl>键，绘制出一个正圆形，单击调色板中的"黑色"色块，更改颜色。

❸ 在工具箱中选择"调和工具" ⃝，并在属性栏中设置属性。

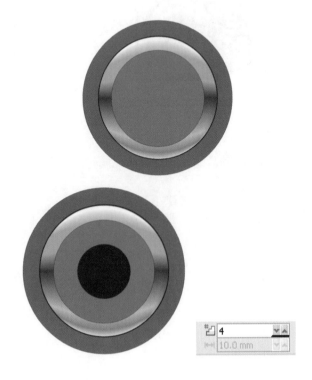

Step 13 添加渐变效果

❶ 单击黑色圆的圆心部分并向圆外拖动，当出现四个圆环的时候，释放鼠标。

❷ 选中喇叭图形，按小键盘中的<+>键两次，复制出两个图形，拖动节点适当调整大小。

❸ 将制作元素组合到一起，音响1就制作完成了。

2．绘制音响2

● 绘制另外一个音响，首先绘制音响的精确轮廓。
● 填充音响颜色，并注意音响的立体感，以及正面、侧面、背面的光影。
● 最后再细致调整音响的细节。

Step 01 绘制音响轮廓及立体化属性

❶ 在工具箱中选择"手绘工具" →"钢笔" ，绘制出如右图所示的图形。

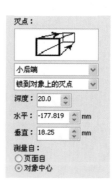

灭点：

小后端

锁到对象上的灭点

深度：20.0

水平：-177.819 mm

垂直：18.25 mm

测量自：
○ 页面自
⊙ 对象中心

❷ 在窗口右侧的属性栏中单击"编辑"按钮，设置立体化属性，完成后单击"应用"按钮。

❸ 在工具箱中选择"填充工具" 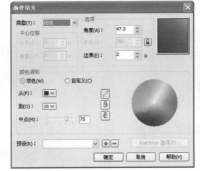→"渐变填充" ，在弹出的"渐变填充"对话框中设置参数。

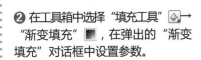

Step 02 继续绘制轮廓

❶ 在工具箱中选择"手绘工具" →"钢笔" ，绘制出如右图所示的图形。

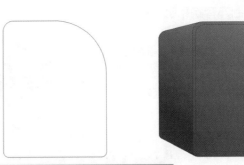

❷ 在工具箱中选择"填充工具" →"渐变填充" ，在弹出的"渐变填充"对话框中设置参数。

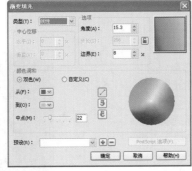

Step 03 绘制装饰图形

❶ 在工具箱中选择"手绘工具" →"钢笔" ，绘制出如右图所示的图形。

❷ 单击调色板中的"黑色"色块，为图形填充颜色。

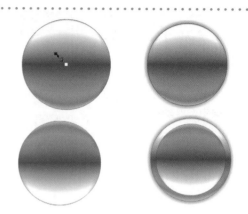

Step 04 制作音响喇叭\1

❶ 选中刚才复制的图形，在工具箱中选择"调和工具" → "透明度" ，单击图形中心不放，向外拖动鼠标，复制该图形，按<Shift>键等比例缩小。

❷ 选中图形，单击属性栏上的"垂直镜像"按钮 ，将图形垂直翻转，放置在大圆之中。

Step 05 制作音响喇叭\2

❶ 选中图形1，并适当缩小，放置在图形之中。

❷ 按同样的方法制作音响的喇叭，完成后将图形组合到一起。

Step 06 制作音响喇叭\3

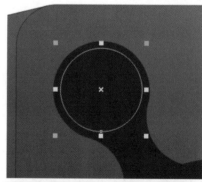

❶ 在工具箱中选择"椭圆形工具" ，按住<Ctrl>键，绘制出一个正圆形。在工具箱中选择"填充工具" →"渐变填充" ，在弹出的"渐变填充"对话框中设置参数，完成后单击"确定"按钮。

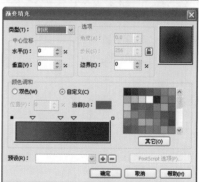

❷在工具箱中选择"椭圆形工具" ⚪，按住<Ctrl>键，绘制出一个正圆形。在工具箱中选择"填充工具" ⬛→"渐变填充" ⬛，在弹出的"渐变填充"对话框中设置参数，完成后单击"确定"按钮。

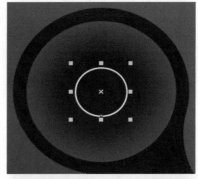

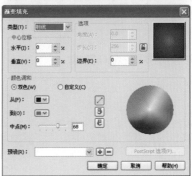

3．制作电视

● 首先绘制电视的精确轮廓。
● 填充电视颜色，并注意电视的立体感，以及正面、侧面、背面的光影。
● 最后细致调整电视的细节，在正面填充影像画面，使电视看上去更加逼真。

Step 01 绘制电视外轮廓及立体化属性

❶在工具箱中选择"手绘工具" ✏→"钢笔" ✒，绘制出如右图所示的图形。

❷在窗口右侧的属性栏中单击"编辑"按钮，设置立体化属性，完成后单击"应用"按钮。

❸ 单击调色板中的"80%黑"色块，
更改颜色。

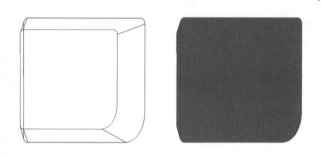

Step 02 继续绘制电视外轮廓及立体化效果

❶ 按照同样的方法将图形制作完成。

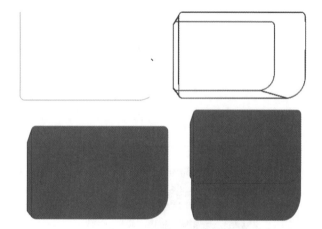

❷ 将图形组合到一起。

Step 03 制作轮廓附属图形

❶ 在工具箱中选择"手绘工具" 🖊→
"钢笔" 🖊，绘制出如右图所示的
图形。

❷ 单击调色板中的"80%黑"色块，
为图形填充颜色。

Step 04　制作电视正面的颜色效果

❶ 在工具箱中选择"手绘工具" → "钢笔" ，绘制出如右图所示的图形。

❷ 在工具箱中选择"填充工具" → "渐变填充" ，在弹出的"渐变填充"对话框中设置参数，完成后单击"确定"按钮。

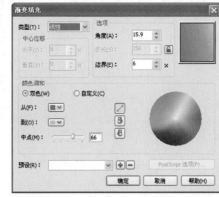

❸ 在工具箱中选择"调和工具" → "阴影" ，在属性栏的预设列表中选择"透视左上"，然后设置其他参数。

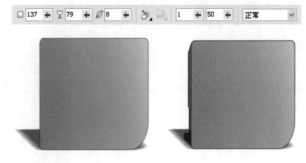

Step 05　制作电视屏幕

❶ 在工具箱中选择"矩形工具" ，在页面上绘制一个矩形。

❷ 在工具箱中选择"形状工具" ，单击矩形的任意一角并拖动，将直角调整为圆角。

❸ 在工具箱中选择"选择工具" ，将图形选中，单击调色板中的"20%黑"色块，填充图形。再导入素材图片作为电视屏幕，并适当调整大小。

Step 06 绘制装饰图形

❶ 在工具箱中选择"矩形工具" ，在图形上，绘制一个矩形。

❷ 在工具箱中选择"形状工具" ，单击矩形的任意一角并拖动，将直角调整为圆角，单击调色板中的"黑色"色块，更改颜色。

❸ 在工具箱中选择"裁剪工具" →"橡皮擦" ，将图形分为两部分。

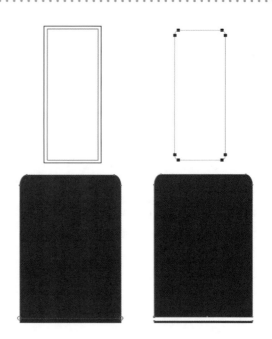

Step 07 组合图形

❶ 在工具箱中选择"选择工具" ，选中图形，按<Ctrl+K>快捷键打散曲线。

❷ 选中所需图形部分，与之前制作的标志、电视组合到一起。

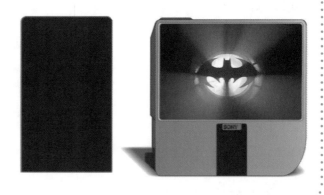

4. 制作音响3

● 绘制第三个音响，首先绘制音响的精确轮廓。
● 填充音响颜色，并注意音响的立体感，以及正面、侧面、背面的光影。
● 最后再细致调整音响的细节。与前面的音响不同的是，该音响多了两个扩音器，所以更需要对其进行细致调整。

Step 01　绘制音响轮廓及立体化效果

❶ 在工具箱中选择"手绘工具"　→
"钢笔"　，绘制出如右图所示的
图形。

❷ 在窗口右侧的属性栏中单击"编
辑"按钮，设置立体化属性，完成后
单击"应用"按钮。

❸ 单击调色板中的"60%黑"色块，
填充图形，再按照之前介绍的方法为
图形设置阴影。

Step 02　绘制音响装饰图形

❶ 在工具箱中选择"手绘工具"　→
"钢笔"　，绘制出如右图所示的
图形。

❷ 单击调色板中的"黑色"色块，更
改颜色。

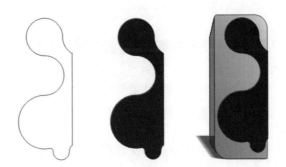

Step 03　制作喇叭

❶ 参照图示，按照之前介绍的方法制
作出音响喇叭。

❷ 导入图片并放置在图形中。

Step 04　继续制作喇叭

❶ 选中图形，在工具箱中选择"调和
工具"　→"透明度"　，在属性栏
中设置参数。

❷ 将制作好的图形组合到一起，再按同样的方法制作两个相同的喇叭和一个音响1中的喇叭，加入标志，音箱3就制作完成了。

❸ 完成效果如右图所示。

▶ 7.3.2 客户为什么满意

初学者： 设计师，您好！能简单介绍一下金属的概念吗？

设计师： 金属是一种具有光泽（即对可见光强烈反射）、富有延展性、容易导电导热的物质。

初学者： 怎样制作出最真实的金属质感作品？

设计师： 在平时需要多观察金属制品的构造和特点，在制作的时候，要分步骤进行，不可能一两步就将金属质感制作出来，尽量分成多个物体来画，这样就可以制作出不错的效果。

▶ 7.3.3 优秀案例欣赏

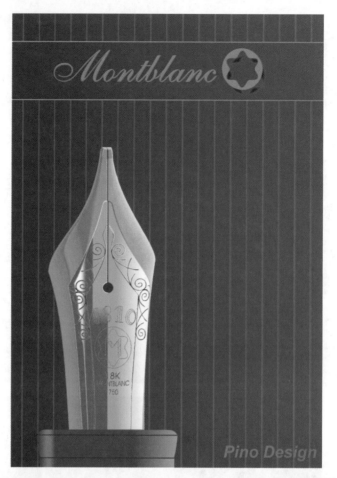

Chapter 08

展示空间设计——平面与立体化的结合

　　展示设计是以展示物为主的设计。更广泛地说，它是以说明、展示用具、灯光为间接标的物来烘托展示物这个主角的一种设计。也就是说，展示设计的标的物具有配角的作用。展示设计是新兴行业，以往较大规模与较固定性的展示设计即属于建筑设计，较小规模的展示设计就属于室内设计，较临时性的展示设计就属于美术工艺或室内设计。展示设计是一种配合演出的设计，在设计时要首先了解被展示的物件或概念，找出要表达的主题，然后将主题以展示装置加以渲染、诠释，来完成该设计。设计时，所设计的展示装置本身是否精彩并不是重点，反而是在展示用具、展示装置完成后，被展示的物件或概念是否因此而精彩才是重点。

8.1　什么是展示空间

（1）展示空间设计概述

展示空间设计是建筑设计的继续与深化。

展示空间设计原则是：具有吸引力、经济、美观、大方。

- 功能：展示设计中最重要的一项就是功能。这里的功能是指展示空间在设计之后的应用实效，包括舒适、安全、方便、经济、卫生等方面的实际效应，这也是展示空间设计的基本要求。展示空间设计要服从于使用要求，就是实用功能。
- 形式：展示空间在达到功能要求的基础上，要有审美的要求。在表现形式上下工夫，体现在经济中就形成了实用、经济、美观的法则。在具体设计中，包括整体气氛、空间形态、陈列设备、布置形态、造型构成、明度、质地、色彩、尺度等，这些在展示空间设计中都属于原则问题。
- 技术：如果想让功能与形式达到理想的结合，还必须研究并解决施工的技术问题。在设计的时候也需要考虑到技术层面的问题，尽量让创意得到最大化的实现。

（2）展示空间设计的特点

展示空间设计具有以下四个特点：真实性、现代感、环境观念、审美效应。

1）真实性

商业展示设计必须注重审美创造的真实性，即所传达的信息必须准确，不能夸大其词、虚张声势，这也是现代商业展示设计十分关键的问题。

2）现代感

实践证明，较为成功的设计往往具有高强度的刺激感或标新立异的形式感，与高技术和现代人生活方式所决定的高情感相适应，从而引起人们的美感。缺乏现代感的设计则缺乏视觉冲击力，因而不易吸引人，不为人们所注意。

3）环境观念

在具体设计时必须从整体空间出发进行综合设计。要依据所处环境的色彩、建筑、道路宽窄和气候季节等方面的特点进行综合考虑，这在店面展示、霓虹灯、招贴广告、电子显示广告设计中尤为重要。

4）审美效应

人们对商业展示物的观赏都是在极短的时间内完成的。因此，"最短时间与最大的信息量"便成了现代商业展示设计所要解决的重大课题。心理学研究表明，"直觉"审美效应强调的是瞬间观感，即在以往经验、理智的前提条件下，对事物本质内容的直观把握。这种瞬间观感，是审美客体给予主体刺激所引起的情感反映，使主体在想象的过程中丰富了客体形象，并在其心目中留下了对客体的鲜明感受和强烈印象。

展示空间设计

艺术展览展示空间设计

餐厅展示空间设计

房产公司展场空间设计

8.2 展场设计

设计分析

注意明暗关系

在这一组设计中，需要特别注意物体的明暗关系，使物体呈现出立体感。

文件路径

素材文件\Chapter8\complete\展场设计.cdr

▶ **8.2.1 制作方法**

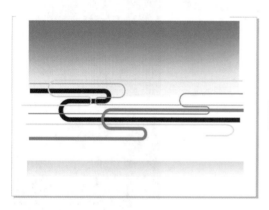

1. 制作背景

● 以灰色为背景，辅以流畅的线条，而线条中又有一定的颜色变化，避免效果呆板。
● 在制作过程中，注意线条的制作方法，可以减少工作量。

Step 01 新建文件

❶ 运行CorelDRAW X5，单击工具栏中的"新建"按钮，新建"图形1"。

❷ 单击属性栏中的"横向"按钮，将页面转换为横向。

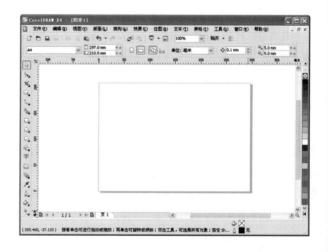

Step 02　制作渐变色块

❶ 在工具箱中选择"矩形工具" ▫，绘制一个矩形，再单击调色板中的"50%黑"色块，填充图形。

❷ 在工具箱中选择"调和工具" ▦→"透明度" ▣，在属性栏中设置"透明度类型"为"线性"，在矩形上拖动，对其应用线性交互式透明处理。

❸ 运用同样的方法对另一个矩形应用线性交互式透明处理。

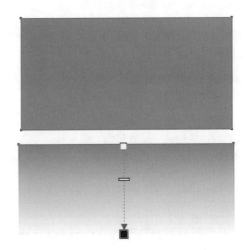

Step 03　绘制线条

❶ 在工具箱中选择"手绘工具" ▦→"贝塞尔" ▨，绘制出如右图所示的线条。

❷ 将线条复制，选中复制的图形，单击属性栏中的"水平镜像"按钮▥，水平翻转图形。再单击"垂直镜像"按钮▤，垂直翻转图形，得到一个新图形，将两个图形组合到一起。

❸ 运用同样的方法制作其他线条，不同的线条设置不同的粗细与颜色。

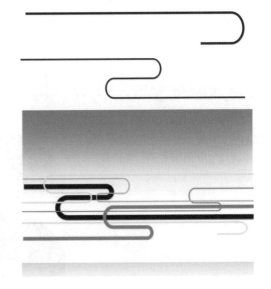

2. 绘制顶灯

● 在制作灯罩立体感的时候注意填充节点的位置与填充的颜色，利用交互式网状填充工具来进行填充。

Step 01 绘制灯罩轮廓

❶ 在工具箱中选择"椭圆形工具" 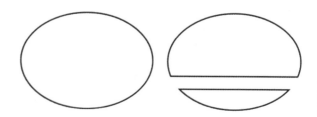，绘制一个椭圆形。

❷ 在工具箱中选择"裁剪工具" →"橡皮擦" ，拖动鼠标，将椭圆形剪切为两个部分。

❸ 按<Ctrl+K>快捷键，打散曲线，然后选中较小部分的图形，按<Delete>键删除。

Step 02 调整网状填充节点

❶ 选中图形，在工具箱中选择"交互式填充工具" →"网状填充" 。

❷ 对照图示，仔细拖动节点，调整形状。

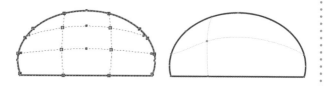

Step 03 填充颜色

依次单击节点线条之间的空白区域，将其选中，再单击调色板中的蓝色色块，填充图形。

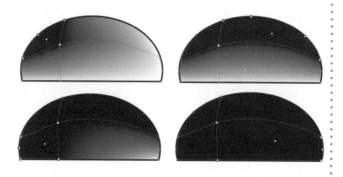

Step 04 继续填充颜色

单击线条相交处的中心节点，再单击调色板中的冰蓝色块，填充图形，再右击调色板顶部的无填充按钮，去掉边框。

Step 05 调整节点

❶ 在工具箱中选择"手绘工具" ✏ →
"钢笔" ✒ ，绘制出如右图所示的图形。

❷ 在工具箱中选择"交互式填充工
具" ✪ →"网状填充" ⊞ ，对照图示仔
细拖动节点，调整节点形状。

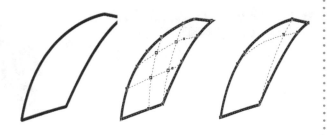

Step 06 填充颜色

依次单击节点线条之间的空白区域，将
其选中，再单击调色板中的黑色色块，
填充图形。

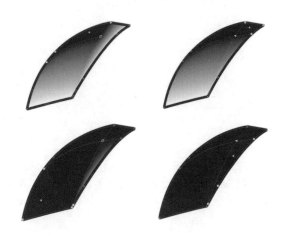

Step 07 继续填充颜色

单击线条相交处的中心节点，再单击调
色板中的白色色块，填充图形。在工具
箱中选择"选择工具" ▲ ，再右击调色
板顶部的无填充按钮⊠，去掉边框。

Step 08 制作对称图形

❶ 选中图形，按小键盘中的<+>键，
复制一个图形。

❷ 选中复制的图形，在属性栏中单击
"水平镜像"按钮 ⬌ ，将图形水平翻转。

Step 09 渐变填充较小图形

❶ 在工具箱中选择"椭圆形工具" 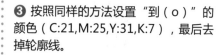，如右图所示新建一个椭圆形。

❷ 在工具箱中选择"填充工具" ⬚ →"渐变填充" ▨，在弹出的"渐变填充"对话框中设置参数，完成后单击"确定"按钮，设置渐变起始色（C:31,M:25,Y:31,K:7）。

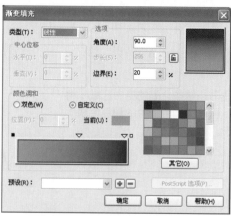

❸ 按照同样的方法设置"到（o）"的颜色（C:21,M:25,Y:31,K:7），最后去掉轮廓线。

Step 10 制作灯泡

❶ 在工具箱中选择"椭圆形工具" ⬚，如右图所示新建一个椭圆形。

❷ 在工具箱中选择"填充工具" → "渐变填充" ，在弹出的"渐变填充"对话框中设置参数。选择"类型"为"线性"，选择"颜色调和"为"双色"，单击"从（F）"颜色下拉按钮，在弹出的颜色选择框中单击"其它"按钮，弹出"选择颜色"对话框，设置渐变起始颜色为（C:0,M:0,Y:0,K:0）。

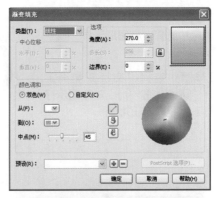

❸ 按照同样的方法设置"到（o）"的颜色为（C:29,M:20,Y:16,K:4），最后去掉轮廓线。

Step 11 制作灯顶

❶ 在工具箱中选择"矩形工具" ，绘制一个矩形。

❷ 按<Ctrl+End>快捷键，将矩形设置为到页面的最后。

❸ 在工具箱中选择"填充工具" → "渐变填充" ，在弹出的"渐变填充"对话框中设置参数。选择"类型"为"线性"，选择"颜色调和"为"自定义"，单击"其它"按钮，弹出"选择颜色"对话框，在其中设置颜色，完成后单击"确定"按钮，设置渐变起始色。

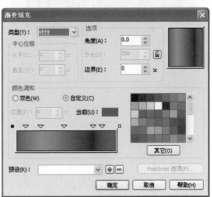

Step 12 制作顶部装饰轮廓

❶ 在工具箱中选择"椭圆形工具" ⊙，绘制一个椭圆形。

❷ 在工具箱中选择"交互式填充工具" ⚐ → "网状填充" ⚏，对照图示仔细拖动节点，调整节点形状。

Step 13 完成顶部装饰

❶ 依次单击节点线条之间的空白区域，将其选中，再单击调色板中的黑色色块，填充图形。

❷ 单击线条相交处的中心节点，再单击调色板中的褐色色块，填充图形。在工具箱中选择"选择工具" ⚐，再右键单击调色栏上方的无填充按钮 ⊠，去掉边框。

Step 14 绘制另一个吊灯并调整位置

❶ 在工具箱中选择"手绘工具" ⚐，参照图示绘制出一根曲线。

❷ 按照同样的方法制作另一个吊灯，注意在运用交互式网状填充工具进行填充时，将"冰蓝色"改为"红色"。

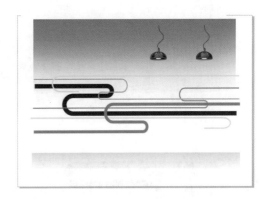

3. 制作树叶

● 在制作树叶的时候可以只绘制叶梗与少量叶片。将制作完成的叶片复制后调整大小与宽高比，就成为一个新的叶片。

绘制叶片与叶梗

❶ 在工具箱中选择"手绘工具" ![图标]→"钢笔" ![图标]，绘制出叶片轮廓图形，如右图所示。

❷ 选中其中一个图形，在工具箱中选择"填充工具" ![图标]→"渐变填充" ![图标]，在弹出的"渐变填充"对话框中设置参数。选择"类型"为"线性"，设置渐变起始色为（C:96,M:98,Y:31,K:22），再按照同样的方法设置到末端的颜色为（C:38,M:8 ,Y:67,K:1），最后去掉轮廓线。

❸ 按照同样的方法制作出其他叶片或叶梗，形状颜色可以略微变化，或者将制作好的叶片复制，再进行组合即可完成树叶的制作。

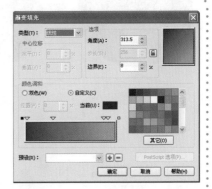

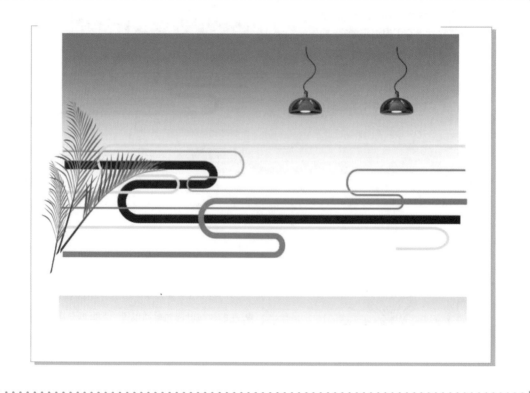

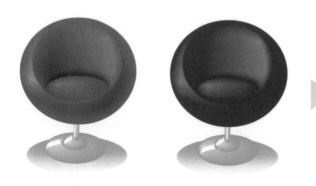

4. 制作凳子

● 凳子的制作需要灵活运用交互式网状填充工具与钢笔工具，需要特别注意颜色的运用，颜色处理不当就会使凳子失去立体感。

Step 01 制作椅子外轮廓

❶ 在工具箱中选择"椭圆形工具" ⬭，绘制一个椭圆形。

❷ 在工具箱中选择"交互式填充工具" ⬭ → "网状填充" ▦，对照图示仔细拖动节点，调整节点形状。

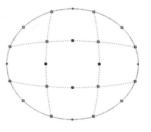
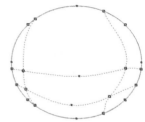

Step 02 填充颜色

❶ 依次单击节点线条之间的空白区域，将其选中，再单击调色板中的蓝色色块，填充图形。

❷ 单击线条相交处的中心节点，再单击调色板中的冰蓝色色块，填充图形。在工具箱中选择"选择工具" <img>，再右击调色栏顶部的无填充按钮⊠，去掉边框。

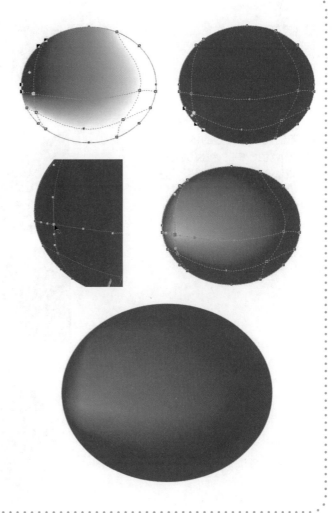

Step 03 制作靠背

❶ 在工具箱中选择"椭圆形工具" <img>，绘制一个椭圆形。

❷ 工具箱中选择"交互式填充工具" <img> → "网状填充" <img>，对照图示仔细拖动节点，调整节点形状。

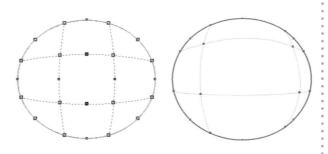

Step 04 填充靠背颜色

❶ 依次单击节点线条之间的空白区域，将其选中，再单击调色板中的蓝色色块，填充图形。

❷ 单击线条相交处的中心节点，再单击调色板中的冰蓝色色块，填充图形。在工具箱中选择"选择工具" 🔓，再右击调色栏顶部的无填充按钮🗷，去掉边框。

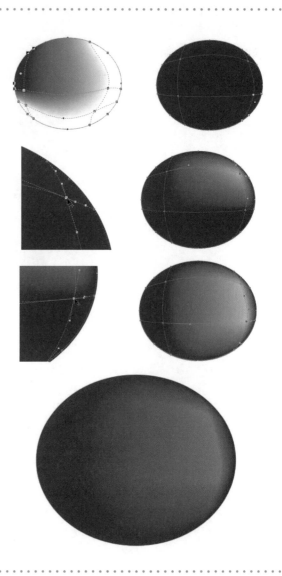

Step 05 绘制坐垫

❶ 在工具箱中选择"椭圆形工具" 🔘，绘制一个椭圆形。

❷ 在工具箱中选择"交互式填充工具" 🖌→"网状填充" ⊞，对照图示仔细拖动节点，调整节点形状。

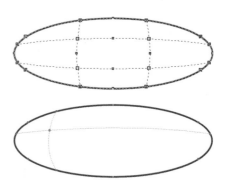

Step 06 填充坐垫颜色

❶ 依次单击节点线条之间的空白区域，将其选中，再单击调色板中的蓝色色块，填充图形。

❷ 单击线条相交处的中心节点，再单击调色板中的冰蓝色色块，填充图形。在工具箱中选择"选择工具"🔘，再右击调色板顶部的无填充按钮⊠，去掉边框。

Step 07 制作坐垫阴影

❶ 在工具箱中选择"调和工具"🔘→"阴影"🔲。

❷ 从坐垫中部向上拖动鼠标，至合适的位置后释放鼠标。

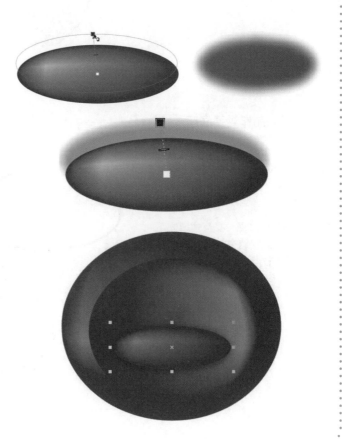

Step 08 制作凳子底座

❶ 在工具箱中选择"椭圆形工具"⬚，绘制一个椭圆形。

❷ 在工具箱中选择"交互式填充工具"⬚→"网状填充"⬚，对照图示仔细拖动节点，调整节点形状。

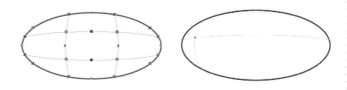

Step 09 填充底座颜色

❶ 依次单击节点线条之间的空白区域，将其选中，再单击调色板中的"40%黑"色块，填充图形。

❷ 单击线条相交处的中心节点，再单击调色板中的白色色块，填充图形。在工具箱中选择"选择工具"⬚，再右击调色板顶部的无填充按钮⊠，去掉边框。

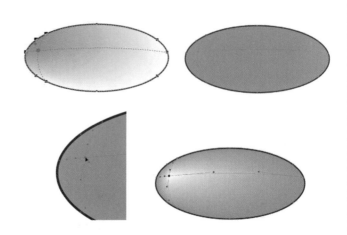

Step 10 制作凳子底座

❶ 在工具箱中选择"手绘工具"⬚→"钢笔"⬚，绘制出如右图所示的图形。

❷ 在工具箱中选择"交互式填充工具"⬚→"网状填充"⬚，对照图示仔细拖动节点，调整节点形状。

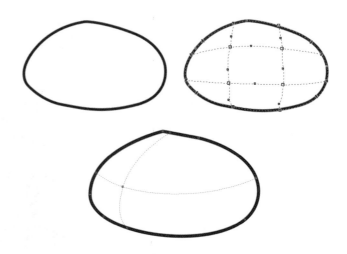

Step 11 填充底座颜色

❶ 依次单击节点线条之间的空白区域，将其选中，再单击调色板中的"40%黑"色块，填充图形。

❷ 单击线条相交处的中心节点，再单击调色板中的白色色块，填充图形。在工具箱中选择"选择工具"🔲，再右击调色板顶部的无填充按钮☒，去掉边框。

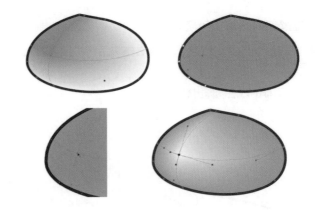

Step 12 制作柱子

❶ 在工具箱中选择"手绘工具"🖊→"钢笔"🖋，绘制出如右图所示的图形。

❷ 在工具箱中选择"交互式填充工具"🖌→"网状填充"🔳，对照图示仔细拖动节点，调整节点形状。

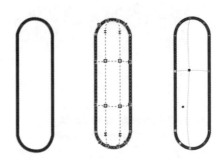

Step 13 填充底座颜色

❶ 依次单击节点线条之间的空白区域，将其选中，再单击调色板中的"40%黑"色块，填充图形。

❷ 单击线条相交处的中心节点，再单击调色板中的白色色块，填充图形。在工具箱中选择"选择工具"🔲，再右击调色板上方的无填充按钮☒，去掉边框。将上述图形组合起来。

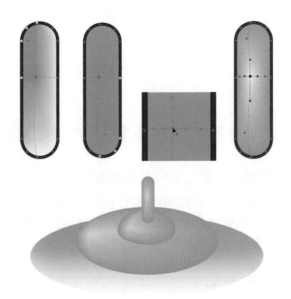

Step 14 添加高光

❶ 在工具箱中选择"手绘工具" ✎→ "钢笔" ✎，绘制出如下图所示的三个图形。

❷ 单击调色板中的白色色块，再右击调色板栏顶部的无填充按钮⊠，去掉边框。最后将图形组合起来。

❸ 按照同样的方法制作出红色凳子。

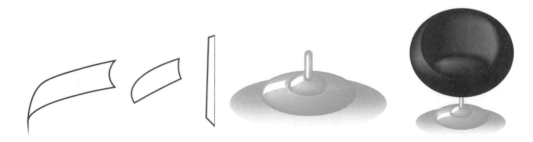

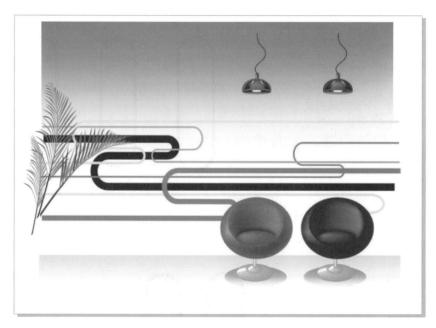

▶ **8.2.2　客户为什么满意**

初学者： 设计师，您好！展示空间的概念是现代才出现的吗？

设计师： 中国古代就有"人之不能无屋，犹体之不能无衣，衣贵夏凉冬燠，房舍亦然"的说法，说明了古人对房舍功能的理解。古往今来，建筑由简到繁，由低级到高级，就是为了满足人们对房屋多种功能的要求，这就是最早时期展示空间设计的雏形。

初学者： 在进行展示空间设计的时候，需要注意哪些要点？

设计师： 如各个房间之间的关系、用具布置、通风、采光、设备的安排、照明设置、空间尺度、绿化布局、路线流畅等都要做到与心理要求相协调。在展示空间设计中，力求物质与精神协调均衡，否则将会发生偏颇。忽视物质功能，将会导致生活失去条理，造成秩序紊乱；忽视精神作用，将造成生活单调乏味。在现代设计中，已经把精神品格提到发挥性灵和生命性的高度，并视之为展示空间设计的最高目的。

初学者：展示空间设计有哪些基本原则？

设计师：在空间设计上，采用动态的、序列化的、有节奏的展示形式是首先要遵从的基本原则，这是由展示空间的性质和人的因素决定的。人在展示空间中处于参观运动的状态，是在运动中体验并获得最终的空间感受的。这就要求展示空间必须以此为依据，以最合理的方法安排观众的参观流线，使观众在流动中，完整地、经济地介入展示活动，尽可能不走或少走重复的路线，尤其是不在展示的重点区域内重复，在空间处理上做到犹如音乐旋律般的流畅，抑扬顿挫、分明有致，使整个设计顺理成章，在满足功能的同时，让人感受到空间变化的魅力和设计的无限趣味。其次是在空间设计中考虑人的因素，使空间更好地服务于人。展示空间的基本结构由场所结构、路径结构、领域结构所组成，其中场所结构属性是展示空间的基本属性，因为场所反映了人与空间的最基本关系。人是展示空间最终服务的对象，所以人们在精神层面上的需求是展示设计必须满足的一个方面。第三是以最有效的空间位置展示展品，给展品以合理的位置是展示空间规划首先要考虑的问题，也是一个展示设计能够成功的关键。

在进行空间设计创作的时候，还要注意以下事项。

（1）充分配合建设方的前期策划建筑文件，并将其作为具体实施项目的指导性文件，充分考虑建设方与使用者利益，以自身专业配合建筑方得到利益最大化的策划方案，为项目全面成功奠定基础。

（2）坚持方案设计的前瞻性、独创性与经济实用相结合。建筑作为长期存在于城市中的雕塑，其外观应满足多数人的审美要求，而使用者更在乎长期滞留其中的自我感受，因此设计师都必须在功能上进行完善，在细节上做以人为本的处理，但如果忽略了建设方的经济利益，一切设计又只能是纸上谈兵，如何得到多方认同是设计者的努力方向。

（3）注重新技术、新理念的运用，确保建筑的可持续性。成熟的新技术与理念的运用，对建筑的建造与使用成本的控制均大有裨益。因此，设计者需要提供给委托方、使用方一个新颖、高技术含量的产品。

（4）强调实施中的多方配合。在实施过程中，多方的积极配合，将给工程的顺利完成提供坚实的专业技术支持。

▶ 8.2.3 优秀案例欣赏

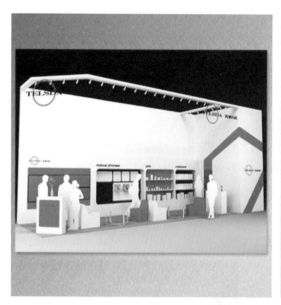
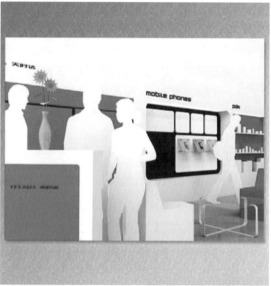

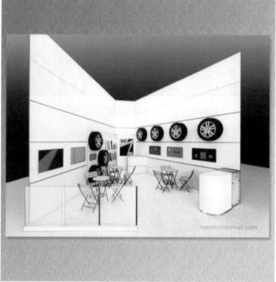

第二篇 网页美工篇

设计师是怎么工作的？

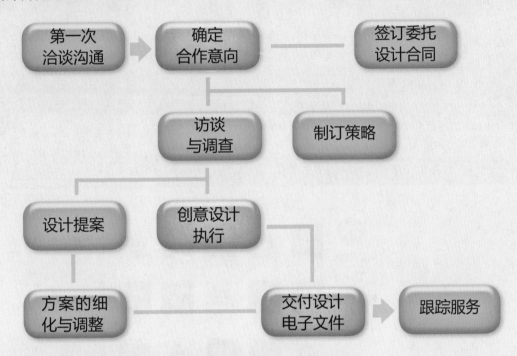

- 第一次洽谈沟通：双方进行交流沟通，增进彼此了解，确认初步合作意向。
- 确定合作意向：明确设计的任务、价格及进度安排等。
- 签订委托设计合同：甲方向乙方支付预付款，并明确双方负责人。
- 访谈与调查：收集整理相关的市场信息，同时也跟踪调查客户产品的市场表现，为设计提供良好的基础及科学的依据。
- 制订策略：好的设计是发掘企业自身价值、提炼运营理念并高效向公众表达的过程。设计师在做每一项设计之前都需要进行设计策略的提炼与制订。
- 创意设计执行：根据策略，将创意构思表现为平面设计。
- 设计提案：设计的过程也是沟通的过程，好的作品来源于成功的沟通。面对企业高层领导进行设计提案，是最直接、最有效的沟通。通过提案确定设计风格与设计方向，形成提案决议，指导下一步设计。
- 方案的细化与调整：就设计方案进行细化调整，并形成最终方案。客户审稿签字，确认项目实施。
- 交付设计电子文件：乙方向甲方交付最终设计电子文件，甲方付清合同余款，工作完成。
- 跟踪服务：设计方客服人员会继续与客户保持联系，及时解决客户的技术问题和相关咨询。

Chapter 09

网页界面设计

在互联网上大量的产品和服务网页中，怎样才能使自己的网页从其他同类产品或服务中脱颖而出，成为浏览者的首选呢？仅仅有好的内容是远远不够的，网站的外观同样重要。内容再好，没有一个赏心悦目并具有一定视觉冲击力的外观，必定会影响浏览者的阅读兴趣。人们称"互联网经济"为"注意力经济"，如何吸引大众的注意力、增强画面的视觉效果则成为设计的首要工作。通过以下两个案例的制作，读者可以学习设计思路、设计原则和要点。在软件技法上，读者能够学习到CorelDRAW X5强大的图形编辑功能。

9.1 什么是网页界面设计

（1）网页界面设计概述

网页的版面设计同报纸、杂志等平面媒体的版面设计有很多相通之处。所谓网页的版面设计，是在有限的屏幕空间上将多媒体元素进行有机组合，将传达内容所必要的各种构成要素的均衡、调和、律动的视觉导向以及空白等，根据主题的要求予以必要的关系设计，进行一种视觉的关联和合理配置。

（2）网页版面的形式与内容的统一

不同的网站主题（个人宣传、产品销售、提供服务等）对网页构成元素编排方式的要求是不同的，不仅要依据受众的需求、市场的状况、网站主的自身情况进行综合分析，还要明确建立该网站的目的、为谁提供产品或服务、能提供什么样的产品或服务、该网站的目标受众以及受众的特点等一系列因素。

视觉符号是相对于语言符号的点、线、面、色彩等视觉性记号。形式法则和构成规律是视觉语言的语法和句法。要将丰富的意义和多样的形式组织成统一的页面结构，形式语言必须符合页面的内容，体现内容的丰富含义。可以运用对比与调和、对称与平衡、节奏以及留白等手段，通过空间、文字、图形之间的相互关系建立整体的均衡状态，产生和谐的美感以及新鲜的个性。

（3）网页界面设计的特性

把页面上的文字设置得很小或与背景颜色太接近，都会给用户在浏览网页时带来不便。提高使用上的融通性也应该是设计网页界面时需要考虑的问题，既能给用户带来方便，又兼具视觉冲击力，这样的网页界面才是每个网页设计人员应思考并追求的理想作品。

1）一贯性：在设计界面时考虑到一贯性会对提高使用的便利性有很大的帮助。例如，基本的菜单应安排在各个页面的一定位置上，表示各种功能的图片或文本的意义要清楚。如果网站整体的设计都保持一贯性，那么它的用户即使缺乏使用经验也能很容易地使用该网站的功能或浏览该网站的信息。

2）创意性：对于网页界面的设计来说，不仅需要兼具使用的便利性和一贯性，创意性或者独创性也是需要考虑的重要内容。在制作一个公司的网站时，不仅要兼顾用户的便利，同时也要把这个公司的独特之处展现出来，彰显个性并给人留下深刻的印象。

需要考虑用户的便利还要使人印象深刻，这似乎是矛盾的两方面，但作为一个网页设计师，则必须具备调和这两方面的能力。正因如此，网页设计者需要投注更多的精力在独树一帜的、让人印象深刻的、有创意的页面构造上。

优秀网页界面

9.2 图标设计

▶ 9.2.1 项目背景

项目	客户	服务内容	时间
图标设计	南京超图软件股份有限公司	图标设计	2010年

南京超图软件成立于1995年，多年来为政府单位和企事业单位信息化建设提供了专业的GIS平台，该公司自主研发的一系列软件已经广泛应用于数字城市、国土、水利、环保、海洋、测绘、农业、林业、应急、交通、通信、能源、市政管线、金融、通信等数十个行业，构建了数千个大型的成功应用案例。

▶ 9.2.2 设计构思

（1）提取诉求点

根据对企业背景的了解，该图标设计需要传达的信息主要集中在"品质、简洁、时尚"这三点上。

（2）分析诉求点

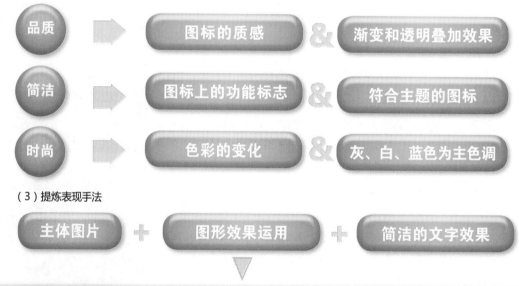

（3）提炼表现手法

设计分析　该图标主要从色彩和图标的功用上进行设计。主色调采用蓝色，清爽简单。背景为渐变效果的蓝色，并为图标添加投影效果，使图标看上去更有立体感和时尚感。在图标中间绘制该图标的功用图形，使人们更加清楚该图标按钮的作用。

文件路径　素材文件\Chapter9\01\complete\图标设计.cdr

▶ **9.2.3　制作方法**

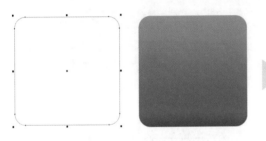

1. 制作主体图形

● 绘制一个矩形作为主体图形，填充渐变颜色。
● 整体色调为蓝色，使图标看起来清爽，富于美感。

Step 01　新建文件

❶ 运行CorelDRAW X5，单击工具栏中的"新建"按钮🔲，新建"图形1"。

❷ 单击属性栏中的"横向"按钮🔲，将页面转换为横向。

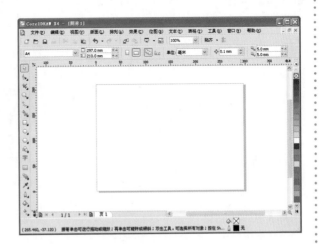

Step 02　绘制矩形

❶ 在工具箱中选择"矩形工具"🔲，在属性栏中设置"左边矩形的边角圆滑度"和"右边矩形的边角圆滑度"为"21"，按住<Ctrl>键在页面上绘制一个矩形。

❷ 在工具箱中选择"选择工具"🔳，选中矩形。

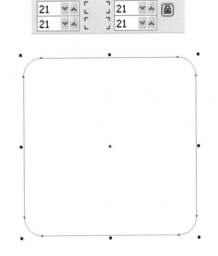

Step 03 为矩形设置渐变起始色

❶ 选中图形，在工具箱中选择"填充工具" 🖲 → "渐变填充" ■ ，在弹出的"渐变填充"对话框中设置参数。

❷ 单击渐变条左上角的指示块，再单击"其它"按钮，在弹出的"选择颜色"对话框中设置颜色。

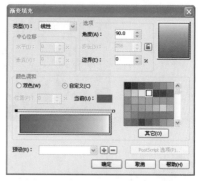

❸ 完成后单击"确定"按钮，设置渐变起始颜色。

Step 04 为矩形设置渐变终点色

❶ 单击渐变条右上角的指示块，再单击"其它"按钮，在弹出的"选择颜色"对话框中设置颜色。

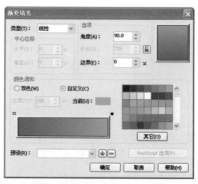

❷ 完成后单击"确定"按钮，设置渐变终点颜色。

❶ 在渐变条上双击，根据颜色需要再创建5个渐变控制点。

❷ 选中相应的渐变控制点后，单击"其它"按钮，在弹出的"选择颜色"对话框中设置颜色。完成后单击"确定"按钮，设置渐变色。

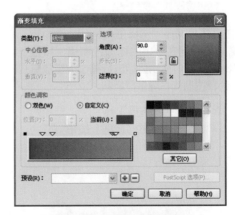

❸ 在"渐变填充"对话框中单击"确定"按钮，填充图形。右击调色板顶部的无填充按钮✕，取消轮廓填充颜色。

2. 制作立体效果

● 制作好主体图形后，要制作其立体感效果，使其更为生动美观。
● 根据图形特点和光照特点，仔细地为图形制作立体效果。

❶ 在工具箱中选择"矩形工具" ▢，在属性栏中设置"左边矩形的边角圆滑度"和"右边矩形的边角圆滑度"为"21"，按住<Ctrl>键，在页面上绘制一个矩形。

❷ 在工具箱中选择"选择工具" ▣，选中矩形。

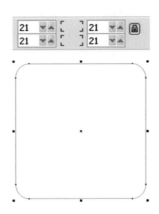

Step 02 制作矩形框

❶ 在工具箱中选择"选择工具" ▣，选中矩形，将光标移到右上角的缩放控制点，按住<Shift>键，向内拖动鼠标进行缩小，释放鼠标的同时单击鼠标右键进行复制。

❷ 在工具箱中选择"选择工具" ▣，选中两个矩形，单击属性栏中的"修剪"按钮 ▣。

Step 03 为矩形设置渐变起始色

❶ 选中图形，在工具箱中选择"填充工具" ▣ → "渐变填充" ▣，在弹出的"渐变填充"对话框中设置参数。

❷ 单击渐变条左上角的指示块，再单击"其它"按钮，在弹出的"选择颜色"对话框中设置颜色。

❸ 完成后单击"确定"按钮，设置渐变起始颜色。

❶ 单击渐变条右上角的指示块，再单击"其它"按钮，在弹出的"选择颜色"对话框中设置颜色。

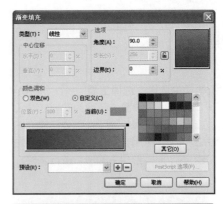

❷ 完成后单击"确定"按钮，设置渐变终点颜色。

❶ 在渐变条上双击，根据颜色需要再创建5个渐变控制点。

❷ 选中相应的渐变控制点后，单击"其它"按钮，在弹出的"选择颜色"对话框中设置颜色。完成后单击"确定"按钮，设置渐变色。

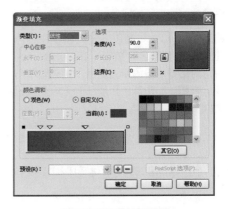

❸ 在"渐变填充"对话框中单击"确定"按钮，填充图形。右击调色板顶部的无填充按钮 ⊠，取消轮廓填充颜色。

Step 06 绘制高光

❶ 在工具箱中选择"矩形工具" 📖，绘制一个长矩形。

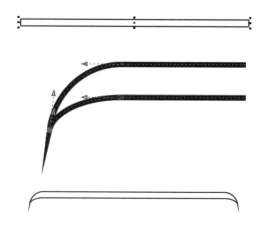

❷ 在工具箱中选择"选择工具" 📄，选中矩形，按<Ctrl+Q>快捷键，转换为曲线。在工具箱中选择"形状工具" 📄，在需要转换为曲线的节点上单击，再单击属性栏中的"转换为曲线"按钮 📄，对矩形两头的形状进行调整。

Step 07 填充渐变颜色

❶ 在工具箱中选择"选择工具" 📄，选中图形，在工具箱中选择"填充工具" 🖌️→"渐变填充" ■，在弹出的"渐变填充"对话框中设置参数。

❷ 选择"类型"为"线性"，选择"颜色调和"为"双色"，单击"从（F）"颜色下拉按钮，在颜色选择框中单击"其它"按钮，在弹出的"选择颜色"对话框中设置所需颜色，完成后单击"确定"按钮。

❸ 单击"到（O）"颜色下拉按钮，在颜色选择框中单击"其它"按钮，在弹出的"选择颜色"对话框中设置所需颜色，完成后单击"确定"按钮。右击调色板顶部的无填充按钮 ✕，取消轮廓填充颜色。

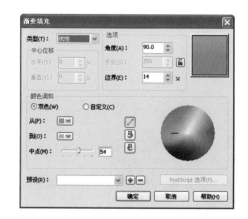

Step 08 将图形放入主体图形中

❶ 在工具箱中选择"选择工具" 📄，选中图形，将矩形框放置在主体图形外表。

❷ 将高光图形放置在主体图形上方，效果如右图所示。

3. 绘制阴影

● 仅有立体感是不够的，接下来将绘制阴影效果，此效果的添加会让图标锦上添花。
● 继续熟练掌握渐变填充工具。

Step 01 绘制矩形

❶ 在工具箱中选择"选择工具" 📐，选中全部图形，单击属性栏中的"群组"按钮📳，群组图形。

❷ 选中图形，向下拖动到相应位置，释放鼠标的同时单击鼠标右键进行复制。

❸ 选中复制的图形，单击调色板顶部的无填充按钮✕，重新为图形填充渐变颜色。

Step 02 为图形设置渐变起始色

❶ 选择图形，在工具箱中选择"填充工具" 🖌️→"渐变填充" ▮，在弹出的"渐变填充"对话框中设置参数。

❷ 单击渐变条左上角的指示块，再单击"其它"按钮，在弹出的"选择颜色"对话框中设置颜色。

❸ 完成后单击"确定"按钮，设置渐变起始颜色。

Step 03 为图形设置渐变终点色

❶ 单击渐变条右上角的指示块，再单击"其它"按钮，在弹出的"选择颜色"对话框中设置颜色。

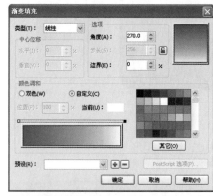

❷ 完成后单击"确定"按钮，设置渐变终点颜色。

Step 04 应用渐变填充

❶ 在渐变条上双击，根据颜色需要再创建5个渐变控制点。

❷ 选中相应的渐变控制点后，单击"其它"按钮，在弹出的"选择颜色"对话框中设置颜色。完成后单击"确定"按钮，设置渐变色。

❸ 在"渐变填充"对话框中单击"确定"按钮，填充图形。

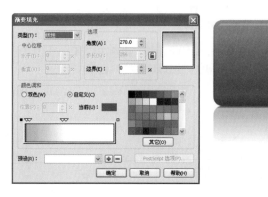

Step 05 绘制椭圆

❶ 在工具箱中选择"椭圆形工具" ⊙，在页面中绘制一个椭圆形。

❷ 在工具箱中选择"选择工具" ▷，选中椭圆，对其填充颜色。

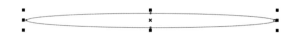

Step 06　填充渐变颜色

❶ 在工具箱中选择"选择工具"，选中椭圆。在工具箱中选择"填充工具"→"渐变填充"，在弹出的"渐变填充"对话框中设置参数。

❷ 选择"类型"为"射线"，选择"颜色调和"为"双色"，单击"从（F）"颜色下拉按钮，在颜色选择框中单击"其它"按钮，在弹出的"选择颜色"对话框中设置所需颜色，完成后单击"确定"按钮。

❸ 单击"到（O）"颜色下拉按钮，在颜色选择框中单击"其它"按钮，在弹出的"选择颜色"对话框中设置所需颜色，完成后单击"确定"按钮。右击调色板顶部的无填充按钮✕，取消轮廓填充颜色。

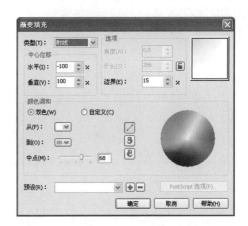

Step 07　将图形放置到相应位置

❶ 在工具箱中选择"选择工具"，选中图形。

❷ 将椭圆形阴影放置在中间，效果如图所示。

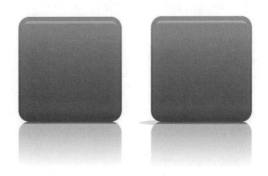

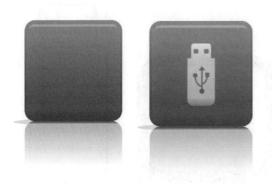

4. 添加图标

● 图形制作完成，接下来需要将标识绘制在图标上。
● 图形整体简洁明朗，图标采用白色，给人简单明了的感觉。

Step 01 绘制矩形1

在工具箱中选择"矩形工具" ▢ ，在属性栏中打开全部圆角锁后再设置"左边矩形的边角圆滑度"和"右边矩形的边角圆滑度"为"38"，在页面上绘制矩形1。

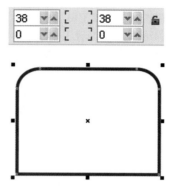

Step 02 绘制矩形2

在工具箱中选择"矩形工具" ▢ ，在属性栏中打开全部圆角锁后再设置"左边矩形的边角圆滑度"和"右边矩形的边角圆滑度"为"38"，在页面上绘制矩形2。

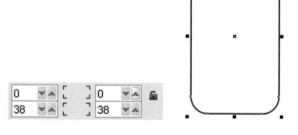

Step 03 绘制小矩形

❶ 在工具箱中选择"矩形工具" ▢ ，在属性栏中锁住全部圆角锁后再设置"左边矩形的边角圆滑度"和"右边矩形的边角圆滑度"为"39"，在页面上绘制一个小矩形。

❷ 在工具箱中选择"选择工具" ▨ ，选中小矩形，按小键盘上的<+>键再复制一个小矩形，并将绘制好的矩形放置在相应位置，效果如右图所示。

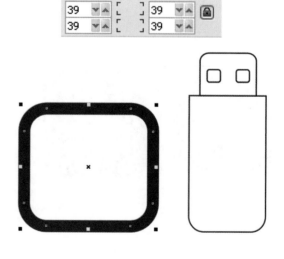

Step 04 结合矩形

❶ 在工具箱中选择"选择工具" 🔍，选中所有图形，右击，在弹出的快捷菜单中选择"锁定对象"命令。在工具箱中选择"选择工具" 🔍，选中全部图形。

❷ 单击属性栏中的"结合"按钮🔲，进行结合，并放置在图标上。

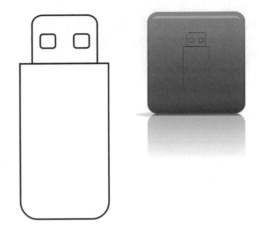

Step 05 为图形设置渐变起始色

❶ 选择图形，在工具箱中选择"填充工具" 🖌️→"渐变填充" ▣，在弹出的"渐变填充"对话框中设置参数。

❷ 单击渐变条左上角的指示块，再单击"其它"按钮，在弹出的"选择颜色"对话框中设置颜色。

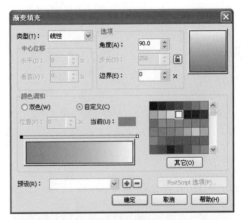

❸ 完成后单击"确定"按钮，设置渐变起始颜色。

Step 06 为图形设置渐变终点色

❶ 单击渐变条右上角的指示块，再单击"其它"按钮,在弹出的"选择颜色"对话框中设置颜色。

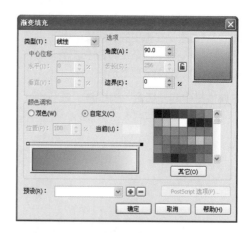

❷ 完成后单击"确定"按钮，设置渐变终点颜色。

Step 07 应用渐变填充

❶ 在渐变条上双击，根据颜色需要再创建5个渐变控制点。

❷ 选中相应的渐变控制点后，单击"其它"按钮，在弹出的"选择颜色"对话框中设置颜色。完成后单击"确定"按钮，设置渐变色。

❸ 在"渐变填充"对话框中单击"确定"按钮，填充图形。右击调色板顶部的无填充按钮 ⨯ ，取消轮廓填充颜色。

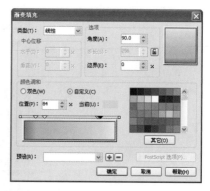

Step 08　绘制形状

❶ 分别在工具箱中选择 "多边形工具" 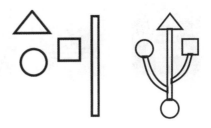、
"矩形工具"、"椭圆形工具"，绘
制小三角形、小圆形和小正方形，并运用
"形状工具"调整左右矩形的弧度。

❷ 将绘制好的形状放置在相应的位置，如
图所示，单击属性栏中的 "群组" 按钮
进行群组。

Step 09　填充颜色

❶ 在工具箱中选择 "选择工具"，选中
图形。

❷ 在工具栏中选择 "填充工具" → "均
匀填充"，在弹出的 "均匀填充" 对话框
中设置各项参数，其中组件里的颜色设置
为（C:79,M:26,Y:16,K:0），完成后单击
"确定" 按钮。右击调色板顶部的无填充
按钮，取消轮廓填充颜色。

Step 10　将标识放入图标中

❶ 在工具箱中选择 "选择工具"，将绘
制好的形状放置在相应的位置，并将标识
放入图标中。

❷ 最终效果如右图所示。

5．类似图标欣赏

▶ **9.2.4　客户为什么满意**

初学者： 图标的概念是什么？一个简单的图形也能作为图标吗？

设计师： 图标是具有明确指代含义的计算机图形。其中，桌面图标是软件标志，界面中的图标是功能标志。它分为广义和狭义两种，广义是指具有指代意义的图形符号，具有高度浓缩并快捷传达信息、便于记忆的特性，应用范围很广，软硬件、网页、社交场所、公共场合等无所不在，如男女厕所标志和各种交通标志等。狭义则是指计算机软件方面的应用，包括程序标志、数据标志、命令选择、模式信号切换开关、状态指示等。

初学者： 图标的作用是什么？

设计师： 一个图标是一个图形图像，一个小的图片或对象代表一个文件、程序、网页或命令。图标帮助人们执行命令和迅速打开程序文件、执行一个命令。它也用于很快地在浏览器中展现对象。例如，所有文件均使用相同的扩展名，具有相同的图标。

初学者： 在进行图标设计时需要注意哪些事项？

设计师： 图标有一套标准的尺寸和属性格式，且通常是小尺寸的。每个图标都有多个相同显示内容的图片，每个图片有不同的尺寸和发色数。一个图标就是一套相似的图片，每个图片有不同的格式。从这一点上说，图标是三维的。图标还有另一个特性，它含有透明区域，在透明区域内可以透出图标下的桌面背景。在结构上，图标其实就是层层叠加的。一个图标实际上是多个不同格式的图片的集合，并且还包含了一定的透明区域。因为计算机操作系统和显示设备的多样性，导致了图标的大小需要有多种格式。

▶ 9.2.5 图标的像素介绍

操作系统在显示一个图标时，会按照一定的标准选择图标中最适合当前显示环境和状态的图像。如果当前使用的是Windows 98操作系统，显示环境是800*600分辨率、32位色深，在桌面上看到的每个图标的图像格式就是256色、32*32像素大小。如果在相同的显示环境下，Windows XP操作系统中，这些图标的图像格式就是"真彩色（32位色深）"、32*32像素大小。

> **注意：**
>
> Windows98/2000操作系统对24*24格式的图标不兼容。可以在相关应用软件中打开含有这种图像格式的图标，但操作系统却认为是无效的。必须确保所设计的图标中至少含有以上所列的图像格式来获得良好的显示效果。如果操作系统在图标中找不到特定的图像格式，它总是采用最接近的图像格式来显示，如把大小为48*48的图标缩小为24*24，效果也就变差。

9.3 网页界面设计

▶ 9.3.1 项目背景

项目	客户	服务内容	时间
界面设计	北京曦力网际软件信息技术有限公司	网页界面设计	2010年

北京曦力网际软件信息技术有限公司是一家致力于多媒体、手持移动设备管理、系统安全等领域的应用软件开发公司。曦力软件2004年5月成立至今，一直专注于个人消费软件产品的开发与在线销售。公司的软件主要销往北美、欧洲、日本等国家和地区，已赢得了众多用户的极高评价，从而确立了公司在音视频个人消费类软件行业的全球领先地位。研发体系和市场销售体系的日趋完善为公司将来的发展奠定了坚实的基础。

▶ 9.3.2 设计构思

（1）提取诉求点

根据对企业背景的了解，该网页界面设计需要传达的信息主要集中在"大气、质感、简洁"这三点上。

（2）分析诉求点

（3）提炼表现手法

设计分析 **简洁大气的设计思路**

　　网页的版面设计，是在有限的屏幕空间上将多媒体元素进行有机组合，将传达内容所必要的各种构成要素创造出均衡、调和、律动的视觉导向以及留白等，根据主题的要求予以必要的关系设计，进行一种视觉的关联和合理配置。此案例主要是运用矩形设计出简洁大气的网页版式。

文件路径 素材文件\chapter9\02\complete\网页界面设计.cdr

▶ **9.3.3 制作方法**

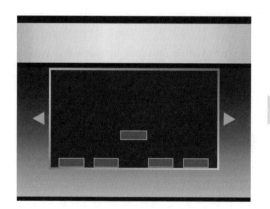

1. 制作主体面板

● 主体图形的设计将以渐变填充颜色的矩形为主。
● 整体设计为黑灰色调，大气、典雅，是经典的版面。

Step 01 新建文件

❶ 运行CorelDRAW X5，单击工具栏中的"新建"按钮，新建"图形1"。

❷ 单击属性栏中的"横向"按钮，将页面转换为横向。

Step 02 绘制矩形1

❶ 在工具箱中选择"矩形工具"，在页面上绘制矩形1。

❷ 在工具箱中选择"选择工具"，选中矩形，单击调色板中的黑色色块，为矩形填充黑色。

Step 03 绘制矩形2

在工具箱中选择"矩形工具"，在页面上绘制矩形2。

Step 04 为矩形设置渐变起始色

❶ 选择矩形，在工具箱中选择“填充工具”→“渐变填充”，在弹出的“渐变填充”对话框中设置参数。

❷ 单击渐变条左上角的指示块，再单击“其它”按钮，在弹出的“选择颜色”对话框中设置颜色。

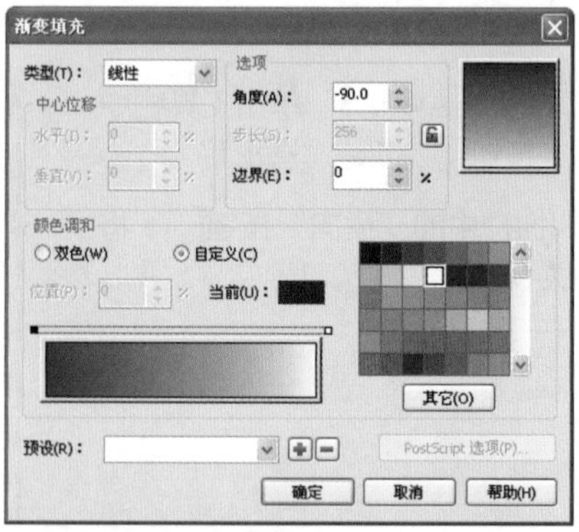

❸ 完成后单击“确定”按钮，设置渐变起始颜色。

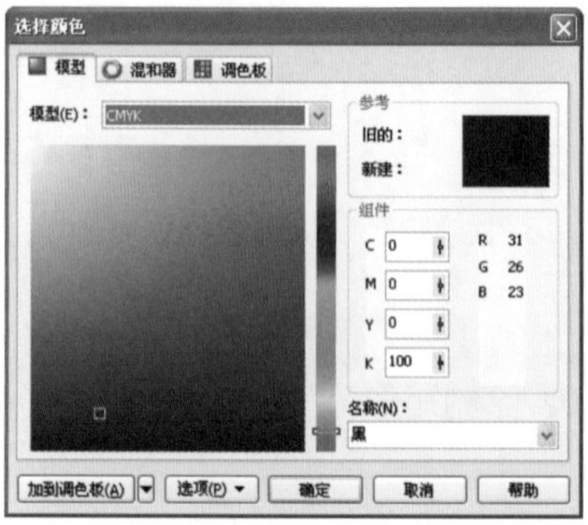

Step 05 为矩形设置渐变终点色

❶ 单击渐变条右上角的指示块，再单击“其它”按钮，在弹出的“选择颜色”对话框中设置颜色。

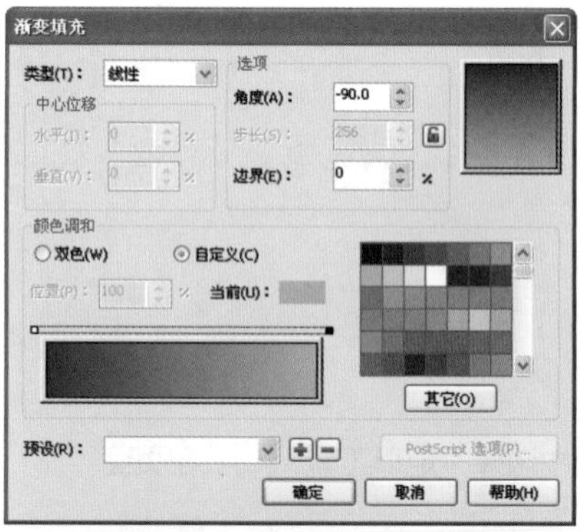

❷ 完成后单击“确定”按钮，设置渐变终点颜色。

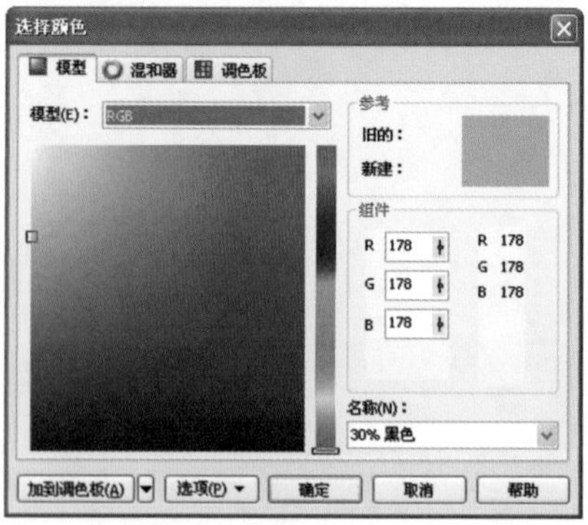

Step 06 应用渐变填充

❶ 在渐变条上双击，根据颜色需要再创建4个渐变控制点。

❷ 选中相应的渐变控制点后，单击"其它"按钮，在弹出的"选择颜色"对话框中设置颜色，完成后单击"确定"按钮，设置渐变色。

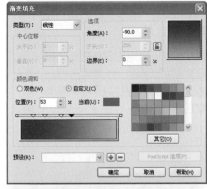

❸ 在"渐变填充"对话框中单击"确定"按钮，填充图形。右击调色板顶部的无填充按钮☒，取消轮廓填充颜色。

Step 07 绘制矩形3

❶ 在工具箱中选择"矩形工具"▢，在页面上绘制"矩形3"。

❷ 用同样的方法，为"矩形3"填充渐变颜色。右击调色板顶部的无填充按钮☒，取消轮廓填充颜色。

Step 08 绘制矩形4

❶ 在工具箱中选择"矩形工具"▢，在页面上绘制矩形4。

❷ 在工具箱中选择"选择工具"▢，选中矩形，单击调色板中的黑色色块，为矩形填充黑色。

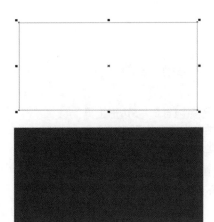

Step 09 绘制矩形5

❶ 在工具箱中选择"矩形工具" <img>，在页面上绘制矩形5。

❷ 用同样的方法，为矩形5填充渐变颜色，放置在矩形4的下层，作为矩形框。右击调色板顶部的无填充按钮 ×，取消轮廓填充颜色。

Step 10 绘制小矩形

❶ 在工具箱中选择"矩形工具" <img>，在页面上绘制一个小矩形。

❷ 在工具箱中选择"选择工具" <img>，选中小矩形，在工具箱中选择"轮廓笔" <img>，单击"2点"粗的轮廓。

❸ 右击调色板中的"30%黑"色块，为轮廓填充颜色。单击调色板中的"80%黑"色块，为矩形填充颜色。完成后再复制四个小矩形备用。

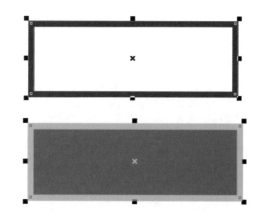

Step 11 绘制小三角形

❶ 在工具箱中选择"多边形工具" <img>，在属性栏中设置多边形边数为3，按住 <Ctrl>键，在页面绘制一个正三角形。

❷ 分别单击和右击调色板中的"30%黑"色块，为小三角填充颜色。

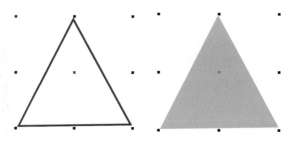

Step 12 旋转并复制小三角形

❶ 双击小三角形，出现旋转控制点，选择小三角形右上方的旋转控制点，向右旋转，效果如右图所示。

❷ 复制一个小三角形，单击属性栏中的"水平镜像"按钮.

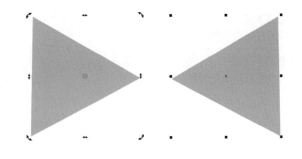

Step 13 排列绘制好的图形

❶ 在工具箱中选择"选择工具"，选中需要调整的图形，进行大小和位置的调整。

❷ 主体面板的最后效果如右图所示。

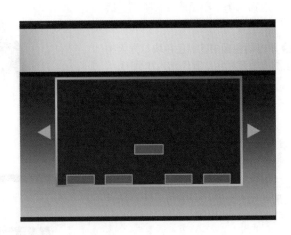

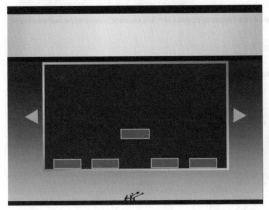

2. 绘制图案

● 运用手绘工具绘制一些图案作为修饰，会给版面增添不少活力。

● 面板的主要颜色为黑灰色，但每个矩形的颜色都有所区别，这样色彩更丰富，配上看似随意绘制的图案，会在沉闷中增添一丝活力。

Step 01 绘制人物轮廓

❶ 在工具箱中选择"手绘工具"，绘制如右图所示的人物轮廓。

❷ 注意开始的节点和最终的节点要重合，方便后期填充颜色。

Step 02 填充颜色

❶ 在工具箱中选择"选择工具"，选中人物轮廓，单击属性栏中的"群组"按钮，群组图形。

❷ 单击调色板中的黑色色块，为人物轮廓图填充黑色，制作出人物剪影。

Step 03 将图形移到主体面板上

在工具箱中选择"选择工具"，将图形移到主体面板中下方，效果如右图所示。

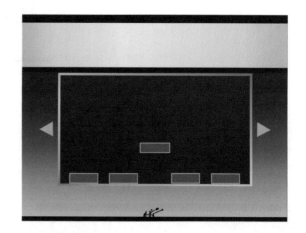

3. 制作图片效果

● 导入素材图片，并制作出一个由小变大的渐变效果。

● 赋予每张图片一个投影效果，让图片看起来更有层次感和立体质感。

Step 01 导入图片

❶ 单击菜单栏中的"文件"→"导入"命令，或按<Ctrl+I>快捷键，在弹出的"导入"对话框中选择"素材文件\chapter9\02\complete\网页界面设计\图片1"，单击"导入"按钮，导入位图。

❷ 在工具箱中选择"选择工具"，选中图片并调整其大小。

Step 02 复制图片

❶ 选择图片1，拖动图片至下方，释放鼠标的同时单击鼠标右键进行复制。

❷ 选择复制的图片，单击属性栏中的"垂直镜像"按钮，对图片进行垂直镜像。

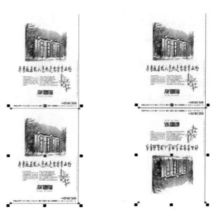

Step 03 制作倒影

❶ 在工具箱中选择"调和工具"→"透明度"，从上向下拖动鼠标，创建透明效果。

❷ 调整透明角度等，形成倒影的效果。

❸ 选中所有图形，单击属性栏中的"群组"按钮，群组图形。

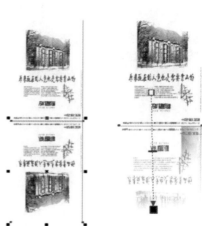

Step 04 导入其他图片

❶ 用同样的方法，单击菜单栏中的"文件"→"导入"命令🖳，或按<Ctrl+I>快捷键，在弹出的"导入"对话框中选择选择"素材文件\chapter9\02\complete\网页界面设计\图片2、图片3、图片4、图片5、图片6、图片7"，完成后单击"导入"按钮，导入位图。

❷ 根据需要，调整图片的大小。

Step 05 制作倒影

❶ 用同样的方法，选择复制的图片，在工具箱中选择"调和工具"→"透明度"🖳，从上向下拖动鼠标，创建透明效果。

❷ 分别选中一组图形，单击属性栏中的"群组"按钮🖳，群组图形。

Step 06 排列图片

❶ 在工具箱中选择 "选择工具" ◨，选中需要调整的图片。

❷ 如右图所示进行排列。选中图片，右击，在弹出的快捷菜单中选择 "顺序" 命令，在子菜单中选择相应的命令即可调整图层顺序。

❸ 选中所有调整好的图形，单击属性栏中的 "群组" 按钮◨，群组图片。

Step 07 导入 "丽水金都" 标志

❶ 单击菜单栏中的 "文件" → "导入" 命令◨，或按 <Ctrl + I> 快捷键，在弹出的 "导入" 对话框中选择 "素材文件\chapter9\02\complete\网页界面设计\丽水金都标志"，完成后单击 "导入" 按钮，导入位图。

❷ 在工具箱中选择 "选择工具" ◨，选中图片，对其大小进行调整。

Step 08 调整图片位置

❶ 在工具箱中选择 "选择工具" ◨，选中需要调整图形，进行大小和位置的调整。

❷ 将图形放入相应位置，效果如右图所示。

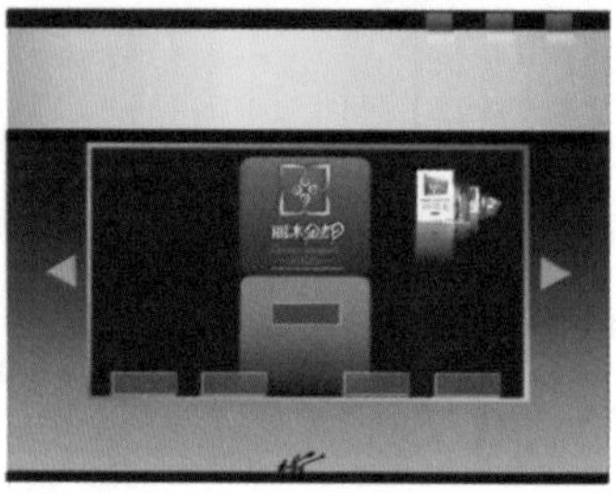

4. 绘制按钮

● 制作好界面的大背景后，开始制作按钮部分。

● 按钮的制作较为简单，先绘制按钮的轮廓，填充渐变颜色，并为按钮添加投影效果。

Step 01 绘制矩形

❶ 在工具箱中选择“矩形工具”，在属性栏中设置“左边矩形的边角圆滑度”和“右边矩形的边角圆滑度”为“28”，在页面上绘制一个矩形。

❷ 在工具箱中选择“选择工具”，选中矩形。

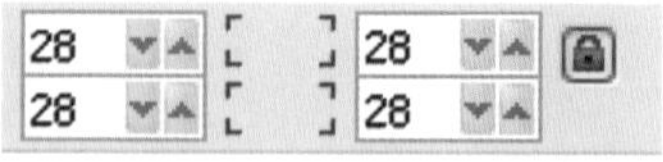

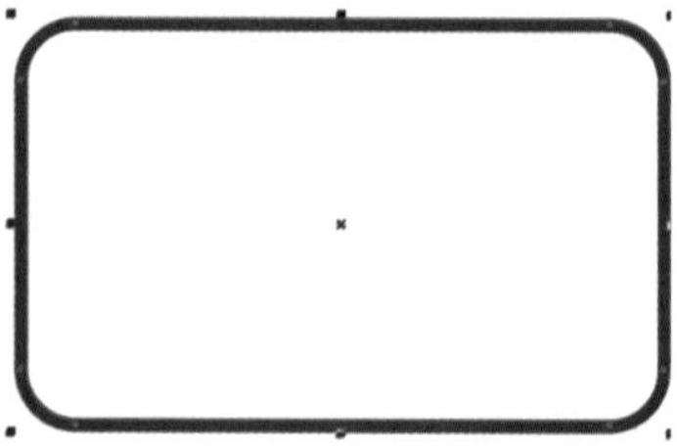

Step 02 为矩形设置渐变起始色

❶ 在工具箱中选择“填充工具”→“渐变填充”，在弹出的“渐变填充”对话框中设置参数。

❷ 单击渐变条左上角的指示块，再单击“其它”按钮，在弹出的“选择颜色”对话框中设置颜色。

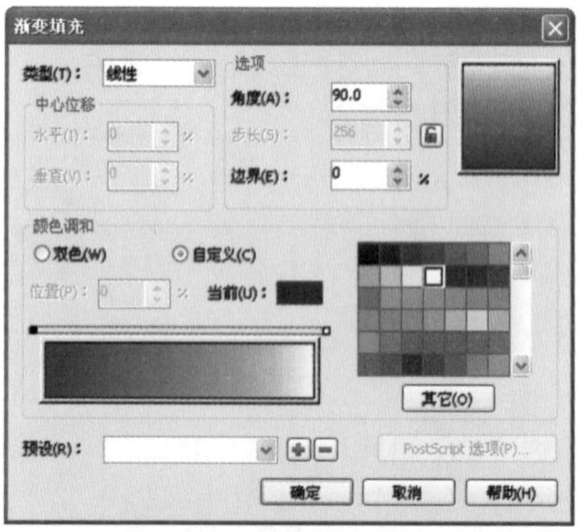

❸ 完成后单击“确定”按钮，设置渐变起始颜色。

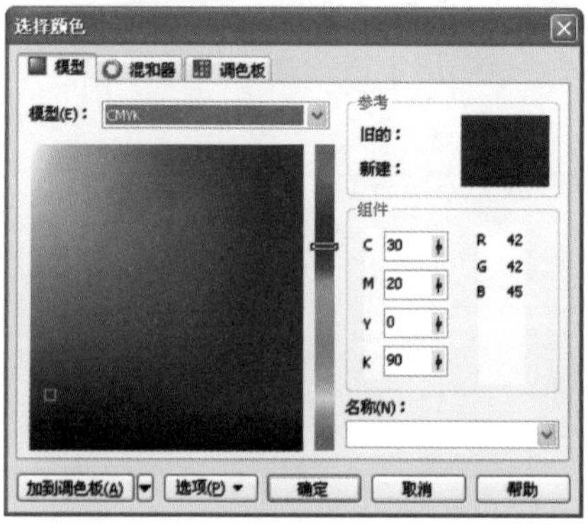

❶ 单击渐变条右上角的指示块，再单击"其它"按钮，在弹出的"选择颜色"对话框中设置颜色。

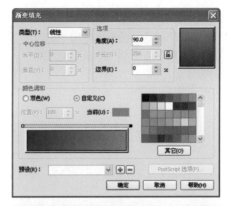

❷ 完成后单击"确定"按钮，设置渐变终点颜色。

❶ 在渐变条上双击，根据颜色需要再创建5个渐变控制点。

❷ 选中相应的渐变控制点后，单击"其它"按钮，在弹出的"选择颜色"对话框中设置颜色，完成后单击"确定"按钮，设置渐变色。

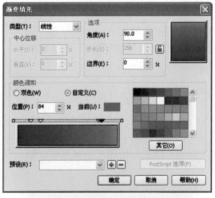

❸ 在"渐变填充"对话框中单击"确定"按钮，填充图形。右击调色板顶部的无填充按钮 ☒，取消轮廓填充颜色。

Step 05 绘制矩形

在工具箱中选择"矩形工具" ▢ ，在属性栏中设置"左边矩形的边角圆滑度"和"右边矩形的边角圆滑度"为"26"，在页面上绘制一个矩形。

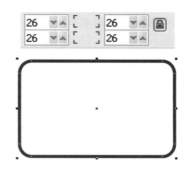

Step 06 制作矩形框

❶ 在工具箱中选择"选择工具" ▧ ，选中矩形，将光标移至右上角的缩放控制点，按住<Shift>键向内拖动进行缩小，释放鼠标的同时单击鼠标右键进行复制。

❷ 在工具箱中选择"选择工具" ▧ ，选中两个矩形，单击属性栏中的"修剪"按钮 ▣ 。

Step 07 为矩形设置渐变起始色

❶ 选择图形，在工具箱中选择"填充工具" ◈ → "渐变填充" ▦ ，在弹出的"渐变填充"对话框中设置参数。

❷ 单击渐变条左上角的指示块，再单击"其它"按钮，在弹出的"选择颜色"对话框中设置颜色。

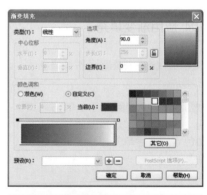

❸ 完成后单击"确定"按钮，设置渐变起始颜色。

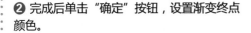

Step 08 为矩形设置渐变终点色

❶ 单击渐变条右上角的指示块，再单击"其它"按钮，在弹出的"选择颜色"对话框中设置颜色。

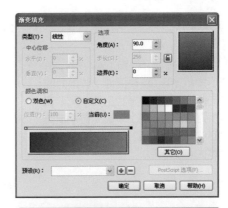

❷ 完成后单击"确定"按钮，设置渐变终点颜色。

Step 09 应用渐变填充

❶ 在渐变条上双击，根据颜色需要再创建5个渐变控制点。

❷ 选中相应的渐变控制点后，单击"其它"按钮，在弹出的"选择颜色"对话框中设置颜色。完成后单击"确定"按钮，设置渐变色。

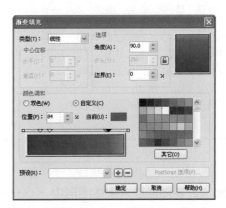

❸ 在"渐变填充"对话框中单击"确定"按钮，填充图形。右击调色板顶部的无填充按钮×，取消轮廓填充颜色。

Step 10 绘制高光

❶ 在工具箱中选择 "矩形工具" 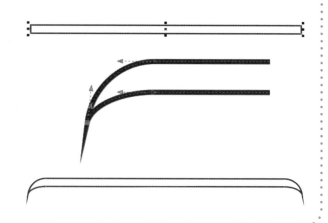，绘制一个长矩形。

❷ 在工具箱中选择 "选择工具" ，选中矩形，按<Ctrl+Q>快捷键，转换为曲线。在工具箱中选择 "形状工具" ，在需要转换为曲线的节点上单击，再单击属性栏中的 "转换为曲线" 按钮，对矩形两头的形状进行调整。

Step 11 填充渐变颜色

❶ 在工具箱中选择 "选择工具" ，选中图形，在工具箱中选择 "填充工具" →"渐变填充" ，在弹出的 "渐变填充" 对话框中设置参数。

❷ 选择 "类型" 为 "线性"，选择 "颜色调和" 为 "双色"，单击 "从（F）" 颜色下拉按钮，在颜色选择框中单击 "其它" 按钮，在弹出的 "选择颜色" 对话框中设置所需颜色，完成后单击 "确定" 按钮。

❸ 单击 "到（O）" 颜色下拉按钮，在颜色选择框中单击 "其它" 按钮，在弹出的 "选择颜色" 对话框中设置所需颜色，完成后单击 "确定" 按钮。右击调色板顶部的无填充按钮 ×，取消轮廓填充颜色。

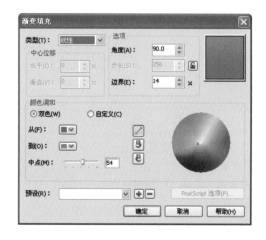

Step 12 将图形放入主体图形中

❶ 在工具箱中选择 "选择工具" ，选中图形，将矩形框放置在主体图形外表。

❷ 将高光图形放在主体图形上方，效果如右图所示。

Step 13 绘制矩形

❶ 在工具箱中选择"选择工具" ，选中全部图形，单击属性栏中的"群组"按钮，群组图形。

❷ 选中图形，向下拖动到相应位置，释放鼠标的同时单击鼠标右键进行复制。

❸ 选中复制的图形，单击调色板顶部的无填充按钮，重新为图形填充渐变颜色。

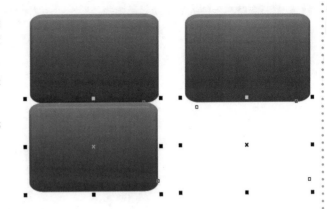

Step 14 为图形设置渐变起始色

❶ 选择图形，在工具箱中选择"填充工具" →"渐变填充" ，在弹出的"渐变填充"对话框中设置参数。

❷ 单击渐变条左上角的指示块，再单击"其它"按钮，在弹出的"选择颜色"对话框中设置颜色。

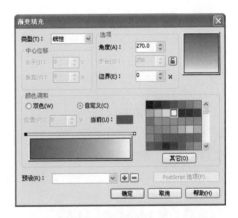

❸ 完成后单击"确定"按钮，设置渐变起始颜色。

Step 15 为图形设置渐变终点色

❶ 单击渐变条右上角的指示块，再单击
"其它"按钮，在弹出的"选择颜色"对
话框中设置颜色。

❷ 完成后单击"确定"按钮，设置渐变
终点颜色。

Step 16 应用渐变填充

❶ 在渐变条上双击，根据颜色需要再创
建5个渐变控制点。

❷ 选中相应的渐变控制点后，单击"其
它"按钮，在弹出的"选择颜色"对话框
中设置颜色，完成后单击"确定"按钮，
设置渐变色。

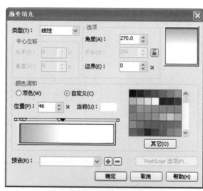

❸ 在"渐变填充"对话框中单击"确定"
按钮，填充图形。单击属性栏中的"群
组"按钮，群组图形。

Step 17 复制按钮

在工具箱中选择"选择工具" 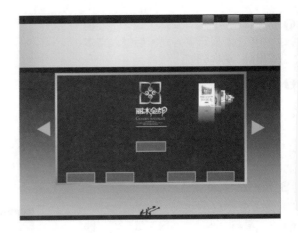，拖动图形，在释放图形的同时单击鼠标右键，将图形复制到移动的位置，即右上角。

Step 18 放大

在工具箱中选择"选择工具"，选中图形，对其大小进行调整，并放置到"丽水金都"下方，效果如右图所示。

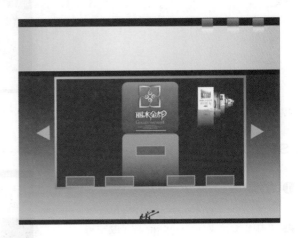

5. 添加文字

● 图形制作完成后，接下来需要在网页上添加一些文字。
● 文字效果不需要过多的处理，主要是对颜色和排列方式进行一些调整。

Step 01 输入文本

❶ 在工具箱中选择"文本工具" 字，在背景中单击，显示输入光标后输入文本"WORKS GALLERY"。

❷ 选中文本，在属性栏中设置字体为"Farnoe Initials"，单击调色板中的黑色色块，填充文本为黑色。

WORKS
GALLER

Step 02 移动文本

❶ 在工具箱中选择"选择工具" ，选中文本，按住<Shift>键放大/缩小文本至适当状态。

❷ 将调整好的文本放入网页界面的相应位置。

Step 03 添加其他文本

❶ 用同样的方法添加其他文本，调整好字体、颜色以及大小。

❷ 分别将文本放入相应的位置，网页界面最终效果如右图所示。

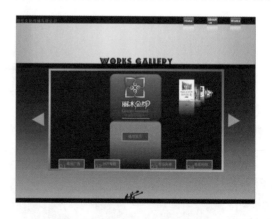

▶ **9.3.4 客户为什么满意**

初学者：能简单介绍一下网页设计吗？

设计师：网页设计是一种建立在新型媒体之上的新型设计，是艺术设计与计算机网络的交叉学科，近年来，随着网络的发展而越发受到人们的重视，其延伸产品也在不断涌现。网页设计具有很强的视觉性、互动性、互操作性等其他媒体所不具有的特点，它是区别于报刊、影视的一种新媒体。网页设计既有传统媒体的优点，又能使传播变得更为直接、便捷和有效。

网页出现的初期阶段与设计发展的初期阶段一样以功能性作为首要的指导原则，以技术因素为主要考虑对象，以完成或实现必要的功能为目标。以字符组成的界面可以起到基本的信息传达作用，同时技术要求也相对较低，易于实现，并且有较好的稳定性，这种形式的界面在很长一段时间内是人机交流的主要形式。

初学者：为什么要对网页进行设计呢？它有什么作用？

设计师：网站是企业向用户和网民提供信息（包括产品和服务）的一种方式，是企业开展电子商务的基础设施和信息平台，离开网站（或者只是利用第三方网站）是无法实现电子商务的。企业的网址被称为"网络商标"，也是企业无形资产的组成部分，而网站是互联网上宣传和反映企业形象和文化的重要窗口。正因如此，网页设计就显得尤为重要，好的网页设计将赋予网站鲜明的形象和深刻的内涵。

在进行网页设计时，需要向客户了解以下内容。

- 客户的建站目的。
- 栏目规划、每个栏目的表现形式及功能要求。
- 主色、客户性别喜好、联系方式、旧版网址、偏好网址。
- 根据行业和客户要求，哪些要着重表现。
- 是否分期建设，是否考虑后期的兼容性。
- 客户是否有强烈的建站欲望。
- 能否在精神上控制住客户。
- 面对未接触的技术知识，是否有把握实现。
- 网站类型。

当把这些内容都已了解清楚的时候，你的大脑中就已经对这个网站有一个全面而形象的定位了，此时才可以有的放矢地进行界面设计。

▶ **9.3.5　优秀界面欣赏**

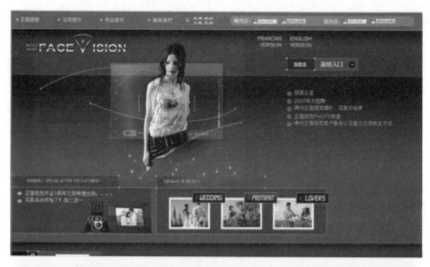

设计路上
WWW.SJ8B8.COM